utb 4217

W0084235

Eine Arbeitsgemeinschaft der Verlage

Böhlau Verlag · Wien · Köln · Weimar
Verlag Barbara Budrich · Opladen · Toronto
facultas · Wien
Wilhelm Fink · Paderborn
A. Francke Verlag · Tübingen
Haupt Verlag · Bern
Verlag Julius Klinkhardt · Bad Heilbrunn
Mohr Siebeck · Tübingen
Nomos Verlagsgesellschaft · Baden-Baden
Ernst Reinhardt Verlag · München · Basel
Ferdinand Schöningh · Paderborn
Eugen Ulmer Verlag · Stuttgart
UVK Verlagsgesellschaft · Konstanz, mit UVK/Lucius · München
Vandenhoeck & Ruprecht · Göttingen · Bristol
Waxmann · Münster · New York

Dieter Brockmann
Michael Kühl

Mit Erfolg promovieren in den Life Sciences

Ein Leitfaden für
Doktoranden, Betreuer und Universitäten

Verlag Eugen Ulmer Stuttgart

PD Dr. Dieter Brockmann, Studium der Chemie mit Schwerpunkt Biochemie an der Ruhr Universität Bochum und Habilitation für das Fachgebiet Molekularbiologie an der Universität Essen. Während dieses Zeitraumes u. a. Teilprojektleiter im DFG-geförderten Graduiertenkolleg „Zell- und Molekularbiologie normaler und maligner Zellsysteme". Seit 2002 Bereichsleiter Wissenschaft und Forschung an der Medizinischen Fakultät der Universität Ulm und verantwortlich für den Aufbau des Studiengangs Molekulare Medizin (Bachelor, Master, Promotion). Seit 2006 „Managing Director" der International Graduate School in Molecular Medicine Ulm, die seit 2007 im Rahmen der Exzellenzinitiative des Bundes und der Länder gefördert wird.

Prof. Dr. Michael Kühl, Studium und Promotion der Biochemie in Berlin, Tätigkeit als wissenschaftlicher Mitarbeiter im Bereich der Entwicklungsbiologie in Ulm, Seattle (USA) und Göttingen. Seit 2002 Universitätsprofessor für Biochemie und Molekulare Biologie in Ulm. Forschungsschwerpunkte im Bereich der frühen embryonalen Entwicklung. Seit 2006 auch Leiter der International Graduate School in Molecular Medicine Ulm, die seit 2007 im Rahmen der Exzellenzinitiative des Bundes und der Länder gefördert wird.

Bibliografische Information der Deutschen Nationalbibliothek
Die Deutsche Nationalbibliothek verzeichnet diese Publikation in der Deutschen Nationalbibliografie; detaillierte bibliografische Daten sind im Internet über http://dnb.d-nb.de abrufbar.

© 2015 Eugen Ulmer KG
Wollgrasweg 41, 70599 Stuttgart (Hohenheim)
E-Mail: info@ulmer.de
Internet: www.ulmer.de
Lektorat: Denise Anders, Sabine Mann
Herstellung: Jürgen Sprenzel
Umschlaggestaltung: Atelier Reichert, Stuttgart
Titelbild: © photolars/Fotolia.com
Satz und Repro: primustype Hurler GmbH, Notzingen
Druck und Bindung: Graphischer Großbetrieb Friedr. Pustet, Regensburg
Printed in Germany

UTB Band-Nr. 4217
ISBN 3-8252-4217-6

Inhaltsverzeichnis

Vorwort

Die Promotion ist ein entscheidender Schritt in der Karriere eines jeden Wissenschaftlers, denn sie ist der Nachweis der Befähigung zur selbständigen und eigenverantwortlichen hypothesen-getriebenen Forschung. Folgerichtig gilt die abgeschlossene Promotion in den Lebenswissenschaften als Türöffner für eine erfolgreiche Laufbahn an den Universitäten, in der biomedizinischen und pharmazeutischen Industrie sowie für zahlreiche mit dem Gesundheitssystem vernetzte Berufe. Für eine akademische Laufbahn an Universitäten, Fachhochschulen und vergleichbaren Institutionen ist sie sogar Voraussetzung. Ohne eine sehr gute Promotion, deren Erfolg vielfach an den daraus resultierenden Publikationen in hochrangigen internationalen Journalen mit entsprechendem Impaktfaktor gemessen wird, ist ein Aufstieg in eine Gruppenleiterposition, Juniorprofessur und spätere Professur und Institutsleitung nicht möglich.

Vor noch nicht allzu langer Zeit wiesen Promotionsverfahren in den Lebenswissenschaften häufig zahlreiche Schwächen auf. Hierzu zählten intransparente Auswahlkriterien, starke intellektuelle und finanzielle Abhängigkeit der Doktoranden vom Doktorvater/Doktormutter[1], zu lange Promotionszeiten, die mangelnde Integration in die wissenschaftliche Gemeinschaft, nicht vergleichbare und intransparente Bewertungskriterien sowie keine gezielte Vorbereitung auf das spätere Berufsleben als Wissenschaftler durch mangelnde Angebote an extracurricularen Kursen wie z. B. Projektmanagement oder Gute Wissenschaftliche Praxis. Der Status des Doktoranden innerhalb der Universität und der wissenschaftlichen Gemeinschaft war nicht klar definiert. Zur Verbesserung dieser Situation wurde daher von der Politik und den großen Fördereinrichtungen wie der Deutschen Forschungsgemeinschaft (DFG) ein Maßnahmenkatalog erarbeitet und in Teilen umgesetzt. Ziel aller Maßnahmen sollte eine bessere Strukturierung der Promotionsphase sein.

In seiner Schrift „Empfehlungen zur Doktorandenausbildung" schreibt der Wissenschaftsrat 2002: „Die Promotionsphase muss sachgerecht strukturiert werden. Dies erfordert transparente Verfah-

---

1   Nach Artikel 3 Abs. 2 des Grundgesetzes sind Frauen und Männer gleichberechtigt. Aus Gründen der besseren Lesbarkeit wird im Rahmen dieses Buches jedoch in einigen Fällen auf die gleichzeitige Verwendung männlicher und weiblicher Sprachformen verzichtet. Sämtliche Personenbezeichnungen gelten gleichwohl für beiderlei Geschlecht.

ren, klare gegenseitige Verantwortlichkeiten und einen sinnvoll bemessenen Zeitrahmen. ... Die Promotion ist in Deutschland nicht allein auf eine wissenschaftliche Laufbahn ausgerichtet. Die Gestaltung der Promotionsphase kann sich daher nicht ausschließlich an den Anforderungen der Ausbildung des Hochschullehrernachwuchses orientieren. Der Anspruch auf eine selbständige wissenschaftliche Forschungsleistung bleibt gleichwohl unverzichtbar." Diese Empfehlungen implizieren, dass die Promotionsphase neben einem Kerncurriculum zur vertieften wissenschaftliche Ausbildung auch die Möglichkeit bieten soll, weitere berufsfeldrelevante Schlüsselqualifikationen zu erwerben.

Als eine der ersten Maßnahmen zur Verbesserung der Promotionsphase wurden von der DFG bereits 1990 die Graduiertenkollegs eingeführt (DFG: Monitoring des Förderprogramms Graduiertenkollegs, Bericht 2011). Im Zentrum dieses Programms steht „die Qualifizierung von Doktorandinnen und Doktoranden im Rahmen eines thematisch fokussierten Forschungsprogramms sowie eines strukturierten, interdisziplinären Qualifizierungskonzepts. Ziel ist es, die Promovierenden auf den komplexen Arbeitsmarkt ‚Wissenschaft' intensiv vorzubereiten und gleichzeitig ihre frühe wissenschaftliche Selbstständigkeit zu unterstützen". Die Bedeutung dieses Programms belegen folgende Zahlen: Laut DFG Jahresbericht wurden im Jahre 2013 von der DFG 253 Graduiertenkollegs gefördert. In dieser Zahl sind 57 internationale und 52 lebenswissenschaftliche Graduiertenkollegs enthalten. Auch die Bundesländer und die außeruniversitären Forschungseinrichtungen haben spezifisch strukturierte Programme zur Förderung des wissenschaftlichen Nachwuchses eingeführt (z. B. die Max Planck Research Schools oder die Helmholtz-Graduiertenschulen und Helmholtz-Kollegs). Die aktuellste Entwicklung auf dem Gebiet der strukturierten Doktorandenausbildung sind die durch die Exzellenzinitiative des Bundes und der Länder geförderten Graduiertenschulen. Mit diesem Förderinstrument werden zwei gleichwertige Ziele verfolgt. Zum einen sind Graduiertenschulen auf die Qualifizierung herausragender Nachwuchswissenschaftlerinnen und Nachwuchswissenschaftler innerhalb eines exzellenten Forschungsumfelds ausgerichtet, zum anderen sind sie als Strukturmaßnahme auf die Profilierung und Herausbildung wissenschaftlich führender, international wettbewerbsfähiger und exzellenter Standorte in Deutschland angelegt. Damit gehen die Graduiertenschulen weit über das Konzept der DFG-Graduiertenkollegs hinaus. Sie sind vielmehr strukturell als Dachorganisation zu verstehen, die übergeordnete Strukturen, Regularien und Qualitätsstandards für eine strukturierte Promotionsphase an einer Universität schaffen. Aktuell werden im Rahmen der Exzellenzinitiative 45 Graduiertenschulen gefördert, darunter 12 in den Lebenswissenschaften.

Diese knappe Auflistung veranschaulicht, welche große Bedeutung Politik und Fördereinrichtungen einer Optimierung der Promotionsphase weg von der häufig anonymen Einzelpromotion hin zu transparenten strukturierten Promotionsprogrammen beimessen. Absolute Voraussetzung und essenzielle Grundlage für eine erfolgreiche Promotion bleibt jedoch nach wie vor ein exzellentes und innovatives Forschungsthema, mit dem sich der Doktorand identifizieren kann und dessen Bearbeitung er hochmotiviert angeht. Strukturierte Promotionsprogramme können also nur die Rahmenbedingungen verbessern, um eine Promotion zielgerichtet, transparent, in einem angemessenen zeitlichen Rahmen und erfolgreich abschließen zu können.

Intention dieses Buches ist es daher, die notwendigen Rahmenbedingungen für eine erfolgreiche Promotion aufzuzeigen, das Für und Wider strukturierter Programme im Vergleich zur Einzelpromotion abzuwägen und Empfehlungen zum Aufbau und Durchführung strukturierter Promotionsprogramme zu geben. Dabei gehen wir aus drei Sichtweisen vor: (1) die des Doktoranden/der Doktorandin, (2) die des Betreuers/der Betreuerin und (3) die der Institutionen Graduiertenkolleg, Graduiertenschule und Universität. Den Doktoranden wollen wir zudem einen Leitfaden an die Hand geben, was aus unserer Sicht ein gutes und innovatives Promotionsprogramm ausmacht, um ihnen damit eine Entscheidungshilfe bei der Auswahl einer Promotionsstelle zu geben. Abschließend sei angemerkt, dass sich viele der hier diskutierten Punkte und Programmbausteine auf die Lebenswissenschaften beziehen; doch die grundlegenden Prinzipien der strukturierten Promotionsprogramme sind auch auf andere Fachbereiche übertragbar.

Unabhängig von der Teilnahme an einem strukturierten Promotionsprogramm kann man das Unterfangen Promotion strategisch angehen. Dies spiegelt sich darin wider, die Promotion als Projekt zu begreifen und Methoden des Projekt-, Zeit- und Selbstmanagements zu verwenden. Diesbezüglich enthält dieses Buch, so hoffen wir, Tipps und Tricks. Zahlreiche Checklisten, die über das Buch verteilt sind, sollen den Doktoranden helfen, die Rahmenbedingungen der eigenen Promotion optimal zu gestalten. Zu guter Letzt sei an dieser Stelle noch angemerkt: Die optimale Gestaltung der Rahmenbedingungen für die Promotion ersetzt nicht die Grundvoraussetzung für den Erfolg, nämlich neue Erkenntnisse im gewählten Forschungsgebiet zu erzielen.

Wir möchten dem Eugen Ulmer Verlag in Stuttgart, insbesondere Frau Sabine Mann und Frau Susanne Böttcher, für die Gelegenheit danken, unsere Ideen und Erfahrungen zu strukturierten Promotionsprogrammen und zur Durchführung von Promotionsvorhaben darzulegen. Wir danken Herrn Prof. Tobias Böckers und Frau Sarah J. Brockmann (M. Sc. Biochemie), beide Universität Ulm, für die kritische Durchsicht des Manuskripts und ihre wertvollen Anregungen.

Herrn Prof. Dr. Hans A. Kestler danken wir für die Bereitstellung von Abbildung 8. Fehler, die sich trotz mehrfacher kritischer Durchsicht eingeschlichen haben, sind selbstverständlich einzig den Autoren anzulasten.

Ulm, im Herbst 2014

PD Dr. Dieter Brockmann
Prof. Dr. Michael Kühl

1 Was ist eine Promotion?

„Wichtig ist, dass man nicht aufhört zu fragen." – *Albert Einstein*

Inhalt

Die Promotion oder der Erwerb eines Doktorgrades stellt nach dem Bachelor- und dem Masterstudium die dritte Ausbildungsebene im heutigen deutschen Universitätssystem dar. Sie dient dem Nachweis der Befähigung zu einer selbstständigen und eigenverantwortlichen hypothesengetriebenen Forschungsarbeit mit dem klaren Ziel des Erkenntnisgewinns. Dies beinhaltet vor allem auch die intellektuelle Weiterentwicklung und Vertiefung eines Forschungsthemas. Nach erfolgreicher Promotion erhalten die Absolventen einen Doktorgrad. In den Lebenswissenschaften ist dieser heute zum Teil Voraussetzung für den Eintritt in eine wissenschaftliche Karriere an Universitäten, in der Pharmaindustrie und anderen mit dem Gesundheitswesen und medizinischen Forschung verknüpften Berufsfeldern. Was heißt aber eigentlich „Promotion"? Wann, zu welchem Zweck und wie ist das Promotionswesen entstanden? Welche Bedeutung hat die Promotion heute und welche Qualifikation soll sie nachweisen? Und vor allem: Wie hat sie die Bedeutung erlangt, die man ihr heute zuspricht? Dies sind zentrale Fragen, die in diesem einführenden Kapitel beantwortet werden sollen.

1.1 Die heutige Bedeutung der Promotion in den Lebenswissenschaften

Warum soll ich promovieren und warum will ich promovieren? Diese zwei einfachen Fragen sollte sich jeder angehende Doktorand am Ende des Masterstudiums stellen und ganz individuell beantworten. Die Antwort auf diese Frage wird bei Naturwissenschaftlern in den Lebenswissenschaften sicher anders ausfallen als bei Kandidaten, die ein Studium der Human- oder Zahnmedizin absolvieren. Daher sollen beide Gruppen hier initial getrennt voneinander betrachtet werden.

Warum soll ich promovieren? Warum will ich promovieren?

Ein paar wichtige Begriffe zu Beginn

Akademischer Grad: Abschlussbezeichnung; wird nach dem Abschluss eines Studiums oder einer Promotion durch Aushändigung einer Urkunde verliehen. Darf dann als Berufsbezeichnung geführt werden und im Falle des Doktorgrades auch in offizielle Dokumente (z. B. Personalausweis, Reisepass) eingetragen werden.

Akademischer Titel: Häufig werden akademische Grade auch als akademische Titel bezeichnet. Der Begriff Doktortitel findet häufig Anwendung, was jedoch (in Deutschland) juristisch inkorrekt ist.

Disputation: (lat. disputatio, die Erörterung, die Unterredung) Mündlicher Teil der Promotionsprüfung (häufig auch Verteidigung genannt) nach Abgabe der Dissertation, häufig auf das Promotionsthema beschränkt.

Dissertation: (lat. dissertatio, die Auseinandersetzung, Erörterung, ausführliche Besprechung) Schriftliche Arbeit, in der die erzielten wissenschaftlichen Ergebnisse der Promotion dargestellt werden, aufgrund derer die Verleihung des Doktorgrades angestrebt wird. Die häufig verwendete Bezeichnung Dissertationsschrift ist nicht korrekt, weil die Schriftlichkeit bereits im Begriff Dissertation enthalten ist.

Drittmittel: Forschungsgelder, die nach Bewilligung auf Grundlage eines zuvor gestellten Antrags von einer externen Förderinstitution wie der Deutschen Forschungsgemeinschaft nach Begutachtung zur Verfügung gestellt werden. Meist für die zweckgebundene Forschung im Sinne des Antrags zu verwenden (siehe auch Haushaltsmittel).

Drittmittelstelle: Wissenschaftlerstellen (Doktoranden, Postdocs) und Stellen für Technisches Personal, die aus Drittmitteln finanziert werden. Diese Stellen sind immer befristet.

Habilitation: Nachweis, ein Fach in voller Breite in Forschung und Lehre vertreten zu können, Befugnis zur eigenständigen Lehre (Venia Legendi) an einer Universität, kein akademischer Grad. Die Venia Legendi kann aufgrund einer nachgewiesenen mehrjährigen Forschungs- und Lehrtätigkeit verliehen werden.

Haushaltsmittel: Finanzielle Mittel, die der Universität bzw. einem Professor vom Bundesland für seine Forschungs- und Lehrtätigkeit zur Verfügung gestellt werden (siehe auch Drittmittel).

Haushaltsstelle: Stellen für wissenschaftliches und technisches Personal, die durch Haushaltsmittel finanziert werden. Meist sind die wissenschaftlichen Haushaltsstellen mit einer Lehrverpflichtung verknüpft.

Kolloquium: Sonderfall der mündlichen Promotionsprüfung, der sich in zwei Teile gliedert. Teil 1 beinhaltet die Vorstellung und kritische Diskussion der Dissertation, im 2. Teil muss der Promovend eine biomedizinische oder molekularbiologische Hypothese vorstellen und diese gegen den Prüfungsausschuss verteidigen.

Lebenswissenschaften: Die Lebenswissenschaften (Life Sciences, Biowissenschaften) sind ein Oberbegriff für Forschungsrichtungen und Ausbildungsgänge, die sich mit Prozessen und Strukturen von Lebewesen auf molekularer, zellulärer oder auf Ebene des Organismus beschäftigen. Ausgehend von der klassischen Biologie sind die Lebenswissenschaften heute stark interdisziplinär ausgerichtet und beziehen unter anderem die Bereiche Medizin, Biomedizin (Molekulare Medizin), Molekularbiologie, Biophysik, Bioinformatik und Biodiversitätsforschung mit ein. Auch Fachrichtungen wie die Medizintechnik und die Bioökonomie gehören nach den gängigen Definitionen zu den Lebenswissenschaften.

Promotion: Verleihung des akademischen Grades eines Doktors durch eine Universität. Bedingung zur Promotion ist in der Regel eine begutachtete schriftliche Arbeit (Dissertation) sowie eine erfolgreiche mündliche Prüfung (Disputation, Rigorosum oder Kolloquium).

Rigorosum: (= die strenge Prüfung) Mündlicher Teil einer Promotionsprüfung, kann im Gegensatz zur Disputation deutlich weiter gefasst sein und alle Themengebiete sowie Randbereiche eines Faches umfassen.

Venia Legendi: Lehrberechtigung (lateinisch: Erlaubnis zu lesen); Voraussetzung ist die Lehrbefähigung, die von einer Universität durch die Habilitation verliehen wird. Die Erlangung der Venia Legendi setzt in der Regel eine mehrjährige nachgewiesenen Forschungs- und Lehrtätigkeit voraus.

Die Bedeutung der Promotion in den Lebenswissenschaften für die eigene Karriere kann man am besten mit Hilfe entsprechender Statistiken abschätzen. Nach Angaben des statistischen Bundesamts (https://www.destatis.de; Stand: 06.02.2014) ist die Anzahl der Promotionen in Deutschland in den letzten Jahren generell gestiegen. Über alle Fächer verteilt stiegen sie von 18.494 im Jahr 1990 auf 26.807 Promotionen im Jahr 2012. Zwischen 1999 und 2012 schwankt diese Zahl laut Statistischem Bundesamt allerdings relativ konstant um einen Wert von 25.000 (siehe Abbildung 1, Seite 17). Nach einer Studie der Organisation for Economic Co-operation and Development (OECD) wird die Anzahl der Promotionen damit nur noch von den USA mit mehr als 65.000 Promotionen übertroffen (Hauss et al. 2012). Interessant ist in diesem Zusammenhang der normierte Begriff

Bedeutung der Promotion

der „Promotionsquote". Sie ist das Verhältnis von abgeschlossenen Promotionen zur Anzahl der altersgleichen Personen in der Bevölkerung. Sie lag im Jahre 2008 im Durchschnitt aller analysierten Länder bei 1,4 %. Die Promotionsquote in Deutschland lag dagegen deutlich höher bei 2,5 %. Sie wurde nur noch von der Schweiz (etwa 3,3 %), Schweden und Portugal (beide ca. 3 %) übertroffen.

Die Anzahl der biomedizinischen Promotionen in Deutschland exakt abzuleiten, ist jedoch nicht machbar, da eine Zuordnung der gelisteten Promotionen zu den Lebenswissenschaften nicht möglich ist. Allerdings entfallen von den 26.807 Promotionen in Deutschland im Jahre 2012 8.718 auf die Fächergruppe Mathematik und Naturwissenschaften sowie 7.350 auf die Fächergruppe Humanmedizin/Gesundheitswissenschaften. Eine weitere Aufschlüsselung ergibt, dass die Zahl der Promotionen in der Humanmedizin mit 6.397 auf Platz eins liegt. Im Fach Biologie als wichtiger Bestandteil der Lebenswissenschaften schlossen 2.688 Kandidaten im Jahr 2012 ihre Promotion ab (https://www.destatis.de; Stand: 06.02.2014).

Ein noch genaueres Bild ergibt sich bei Betrachtung der sogenannten fächerspezifischen Promotionsquote. Nach dem Bundesbericht zur Förderung der wissenschaftlichen Nachwuchses (BuWiN) 2008 lag die Promotionsquote 2006/2007 bei Chemikern bei 75,9 % und bei Biologen bei 46,8 %. Die Promotion ist also in vielen Disziplinen der Lebenswissenschaften keine Seltenheit; man kann schon fast davon ausgehen, dass die Promotion ein Muss für eine Führungsposition innerhalb der unterschiedlichen Ebenen eines Unternehmens ist. Auch bei Behörden und Ämtern ist sie ab einer bestimmten Position in der Hierarchie die Promotion eine Voraussetzung. Häufig sind auch die Einstiegsgehälter für Promovierte höher als von Nicht-Promovierten. So hat eine Studie der Hans-Böckler-Stiftung ergeben, dass Promovierte im Durchschnitt mehrere Hundert Euro mehr im Monat verdienen als Masterabsolventen ohne Promotion (Enders 2005). Eine weitere Studie berechnet den Lohnvorteil promovierter Naturwissenschaftler gegenüber nicht-promovierten mit 14 %. Bei Humanmedizinern betrage der Vorteil immerhin noch 10 % (Heineck und Matthes 2012).

Für einen Promovierten kann der Abschluss „Promotion" allerdings auch zum Boomerang werden. Wenn Firmen vor die Alternative gestellt werden, einen kostengünstigeren Bewerber mit Masterabschluss oder einen teureren Bewerber mit Promotion einstellen zu können, kann die Entscheidung auch schon mal gegen einen promovierten Akademiker fallen. Letztendlich wird aber immer die für eine gegebene Position benötigte Qualifikation das ausschlaggebende Kriterium zur Einstellung sein.

Die Arbeitslosigkeit bei Akademikern liegt mit aktuell 2,4 % extrem niedrig (Weber und Weber 2013; Stienen 2011). Absolventen mit einer Promotion scheinen noch bessere Aussichten auf eine Anstellung zu haben. Die Arbeitslosenquote liegt hier bei geringen 1 %.

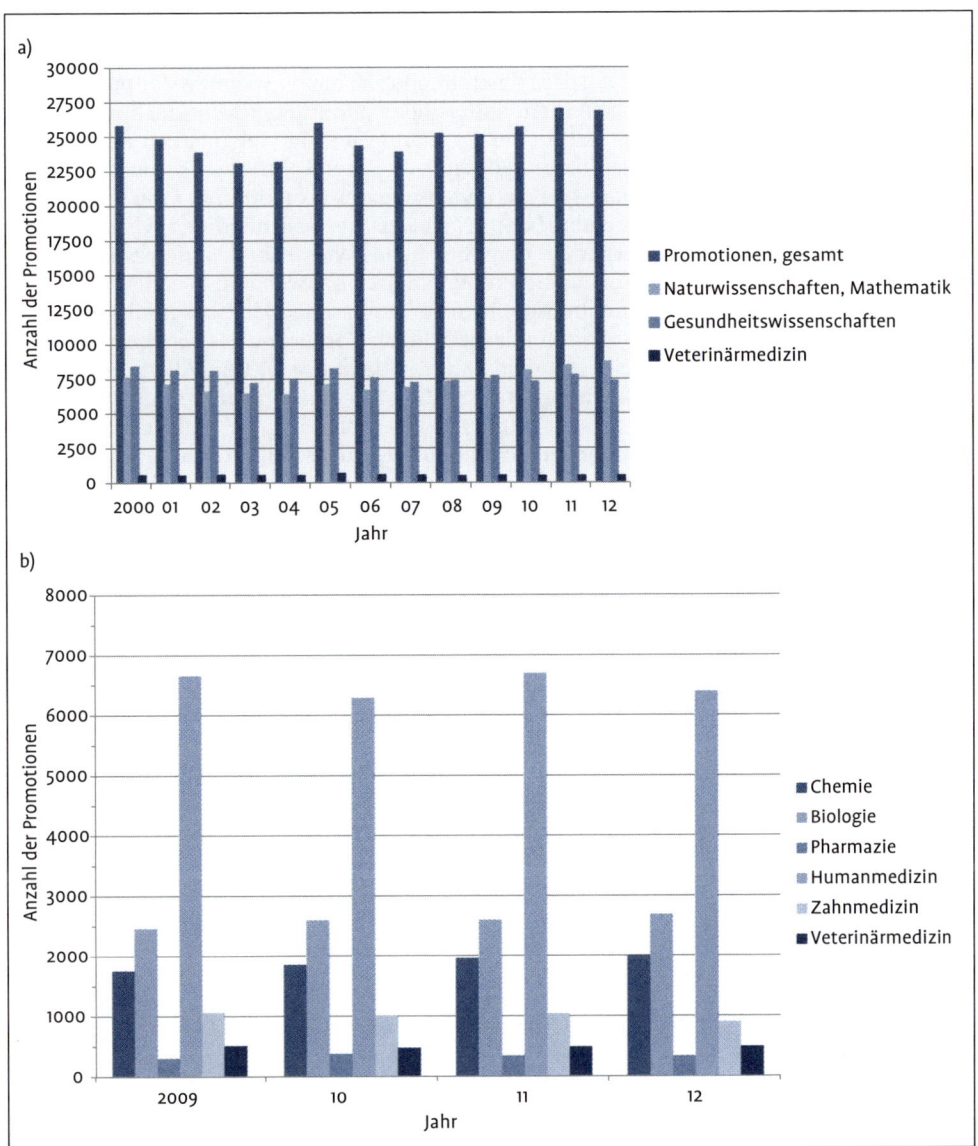

Abb. 1 Die Entwicklung der abgeschlossenen Promotionen in Deutschland.
a) Entwicklung der insgesamt abgeschlossenen Promotionen in Deutschland seit 2000.
b) Entwicklung der abgeschlossenen Promotionen in Deutschland seit 2009 in ausgewählten Fächern der Lebenswissenschaften.
Beide Grafiken nach Angaben des Statistischen Bundesamtes.

Bedeutung der
Promotion

Für einen akademischen Karriereweg ist die Promotion Voraussetzung: Wer an einer Universität in Forschung und Lehre eine wissenschaftliche Karriere anstrebt oder zu einem späteren Zeitpunkt in der Forschung an einem außeruniversitären Forschungsinstitut arbeiten möchte, kommt an der Promotion und in vielen Fällen auch an der späteren Habilitation, der universitären Lehrbefugnis, nicht vorbei. In diesen Fällen wird die Bedeutung der Promotion in ihrer ursächliche Funktion sichtbar: dem Nachweis des selbständigen wissenschaftlichen Arbeitens mit dem Ziel, neues Wissen zu generieren und bereits Erlerntes auf andere Problemfelder anzuwenden.

Die Promotionsquote in der Humanmedizin ist ebenfalls sehr hoch und beträgt laut Bundesbericht zur Förderung des wissenschaftlichen Nachwuchses aus dem Jahre 2008 stolze 71,0 %. Allerdings scheint sie nach Daten des Statistischen Bundesamtes in den letzten Jahren rückläufig zu sein (https://www.destatis.de/DE/Publikationen/Thematisch/BildungForschungKultur/Hochschulen/Pruefungen Hochschulen.html; Stand: 26.02.2014). Promovierten im Jahre 2010 noch 7.287 Kandidaten im Fach Humanmedizin, waren dies 2012 nur noch 6.397. Einmal abgesehen davon, dass die humanmedizinische Promotion vom überwiegenden Teil der Studierenden parallel zum Studium nach der 1. Ärztlichen Prüfung und nicht als Vollzeitpromotion nach dem Studienabschluss durchgeführt wird, ist die Motivation zur Durchführung einer Promotion vielfach eine andere als bei naturwissenschaftlich orientierten Kandidaten. Die naturwissenschaftliche Promotion dient dem Erkenntnisgewinn und als Einstiegsportal in die Karriere in die Wissenschaft oder das Wissenschaftsmanagement. In der Humanmedizin scheint hingegen: „Die Tatsache jedoch, dass in Deutschland die berufliche und gesellschaftliche Anerkennung als Arzt oder Ärztin eng mit dem Doktortitel verbunden sind, lässt viele angehende Ärzte befürchten, ohne einen solchen akademischen Titel beruflich von vornherein im Nachteil zu sein." (Beisiegel 2009) Wir alle kennen dies aus eigener Erfahrung: Ist man krank, geht man zum Doktor. Die Befürchtung der jungen Ärzte besteht darin, dass Arztschilder ohne Doktortitel insbesondere von der älteren Generation vielfach „übersehen" werden. Der Wissenschaftsrat bezeichnet diese parallel zum Studium entstandenen Arbeiten, die kaum oder keinen Erkenntnisgewinn erzielen, jedoch als „pro-forma-Forschung" und empfiehlt daher in seiner Schrift „Empfehlungen zu forschungs- und lehrförderlichen Strukturen in der Universitätsmedizin" (2004): Dass „Medizinabsolventen (aufgrund einer nicht-experimentellen Abschlussarbeit) in Anlehnung an den angelsächsischen Titel des ‚Medical Doctor' mit der Approbation die Berufsbezeichnung ‚Medizinischer Doktor' verliehen werden". Ob diese Vorschläge eines Tages Realität werden, ist noch völlig offen.

Allein die Tatsache, dass die Anzahl der Promovenden in der Humanmedizin abnimmt, scheint ein Indiz zu sein, dass sich auch bei Medizinern die Einstellung zum Doktortitel ändert. Abschließend sei jedoch darauf hingewiesen, dass auch im Rahmen der medizinischen Promotion qualitativ sehr hochwertige Forschung betrieben werden kann. Viele Medizinische Fakultäten haben hierfür mittlerweile spezifische Programme aufgelegt. Wer später eine Karriere in der Hochschulmedizin anstrebt (z. B. Chefarzt einer Klinik am Universitätsklinikum), wird auf diesen Nachweis der eigenständigen Forschung und auch später an der Habilitation nicht vorbeikommen.

Diese kurze Darstellung belegt, dass sich eine Promotion lohnen kann, sowohl was die späteren Karriereoptionen angeht als auch was das persönliche Einkommen betrifft. Jedoch bedarf es für eine erfolgreiche und gute Promotion auch eine gehörige Portion persönlichen Engagements. Insbesondere in den Lebenswissenschaften kann von einer geregelten 5 Tage Woche mit festen Arbeitszeiten kaum die Rede sein. Einerseits steht man häufig in starker Konkurrenz zu anderen Arbeitsgruppen, die auf dem gleichen Forschungsgebiet arbeiten und muss daher die Experimente exzellent und zügig durchführen, um den Wettkampf um die Erstpublikation zu gewinnen. Andererseits hat dies auch rein praktische Gründe: Die Arbeit mit lebenden Systemen erfordert ein großes Maß an zeitlicher Flexibilität. Zellen, Zebrafische oder Taufliegen beispielsweise müssen so versorgt werden, dass ausreichend Material für die Experimente zur Verfügung stehen. Dies gelingt meistens nur dann, wenn man auch am Wochenende bereit ist, Zellen zu splitten oder Zebrafische so zu verpaaren, dass man auch montags Laich zur Verfügung hat. Auch sollte man sich bereits vor der Promotion darüber im Klaren sein, dass Forschung auch immer das Betreten von Neuland bedeutet. Das Ergebnis von Experimenten ist im Vorfeld nicht bekannt, allenfalls vage vorhersagbar. Viele Hypothesen müssen im Laufe der Arbeit als falsch verworfen und neue aufgestellt werden. Auch muss man wissen, dass im Labor häufig Methoden neu etabliert werden müssen und dass auch dies ein steiniger Weg sein kann. Eine Promotion in den Lebenswissenschaften erfordert somit ein außergewöhnliches Maß an Begeisterungsfähigkeit, Belastbarkeit und Frustrationstoleranz. Gerade der letzte Punkt ist wichtig. Man muss die vielen Negativerlebnisse verkraften können, mit denen man konfrontiert wird, wenn man in den Lebenswissenschaften erfolgreich sein will. Dies leitet zwangsläufig zu der Frage nach der persönlichen Motivation zur Durchführung eines Promotionsvorhabens über.

Grundsätzlich können wir bei der Frage der Motivation zu einem Vorhaben zwischen intrinsischen und extrinsischen Faktoren unterscheiden. Unter der intrinsischen Motivation verstehen wir zunächst einmal das Interesse an der Sache an sich, z. B. einem Gewinn an Erkenntnis. Auch das Glücksgefühl beim Lösen einer gestellten Aufgabe ist an dieser Stelle zu nennen, genauso wie die positiven Belohnungssysteme und das daraus resultierende Selbstbewusstsein durch

Motivation: intrinsische und extrinsische Faktoren

z. B. die Akzeptanz einer eingereichten Publikation oder Erfolg bei der Drittmitteleinwerbung. Ein hohes Maß an intrinsischer Motivation verhilft zu einer hohen Frustrationstoleranz und ist Grundlage eines außergewöhnlichen Engagements. Zu den extrinsischen Motivationsfaktoren gehören das Lob und die Anerkennung durch andere für die gute Arbeit, die Anerkennung in der wissenschaftlichen Gemeinschaft oder gar wissenschaftliche Preise. Wie bei der intrinsischen Motivation sind hier auch der Publikationserfolg und der Erfolg beim Einwerben von Drittmitteln zu nennen. Auch diese extrinsischen Faktoren sind in der Wissenschaft von erheblicher Bedeutung. Eine mangelnde Motivation bezüglich der eigenen Arbeit ist von Dauer der Arbeit nicht zuträglich und kann letztlich auch zu ihrem Abbruch führen.

Persönliche Grundlagen für eine erfolgreiche Promotion: Das „WINNER-Prinzip"

Eine Promotion wird durch bestimmte persönliche Eigenschaften und Fähigkeiten, die ein Kandidat aufweisen sollte, sehr begünstigt. Hierzu zählen die Motivation, Begeisterungsfähigkeit, Neugierde, Fähigkeit zur Selbstkritik, Ausdauer/Beharrlichkeit und eine hohe Frustrationstoleranz. Diese Eigenschaften und Fähigkeiten kann man zum „Winner-Prinzip" zusammenfassen:

Motivation (Willingness to perform): Bin ich intrinsisch motiviert oder überwiegt die extrinsische Motivation?

Begeisterungsfähigkeit (Intellectual enthusiasm): Kann ich mich für meine Forschung begeistern?

Neugierde (Nosiness): Kann ich mich für wissenschaftliche Fragestellungen begeistern? Bin ich daran interessiert, Neuland zu betreten?

Fähigkeit zur Selbstkritik (Necessity for self-criticism): Bin ich in der Lage, eigene Ergebnisse zu hinterfragen? Wann bin ich mit einem experimentellen Ergebnis zufrieden?

Ausdauer (Endurance): Kann ich an einem Problem oder einer Fragestellung längere Zeit arbeiten, ohne das Interesse zu verlieren? Bin ich bereit, immer und immer wieder das gleiche Experiment durchzuführen oder langweilt mich das irgendwann?

Frustrationstoleranz (Resistent to frustration): Wie gehe ich mit Frustration um? Bin ich darauf vorbereitet, wenn (zeitaufwendige) Experimente nicht klappen, oder das Ergebnis genau das Gegenteil davon ist, was ich erwartet habe?

1.2 Der Begriff Promotion und seine geschichtliche Entwicklung

Der Begriff „Promotion" leitet sich vom lateinischen Wort *promotio* ab und bedeutet *Beförderung (zu einer Ehrenstelle), Erhöhung, Förderung.* Obwohl der Begriff Promotion heute eng an eine wissenschaftliche Leistung geknüpft ist, hat er im Laufe der Jahrhunderte mehrere inhaltliche Wandungen durchlaufen. Für eine Promotion wird der akademische Grad eines Doktors (aus dem Lateinischen *docere* = lehren bzw. *doctus* = gelehrt) verliehen. Dabei war dieser Begriff in der römischen Antike eine Art Berufsbezeichnung und bedeutete soviel wie Lehrmeister oder Gelehrter. So wurde ein Fechtmeister, der die Gladiatoren im Fechten unterrichtete, als *doctor gladiatorum*, der Ausbilder der römischen Netzkämpfer als *doctor retiariorum* und derjenige, der die schwerbewaffneten Gegenspieler der Netzkämpfer trainierte, als *doctor secutorum* bezeichnet. Die Bedeutung dieses Wortstamms hat sich beispielsweise im Italienischen bis heute erhalten und findet sich wieder im Wort *docente*, dem Lehrer. Im Deutschen ist der Begriff des Dozenten auch heute noch gebräuchlich.

Die historische Entwicklung der Promotion und des Doktorgrades sind sehr interessant und sollen nachfolgend beispielhaft skizziert werden. Eine ausführlichere Übersicht über die Geschichte der Promotion liefert beispielsweise Wollgast (2001), auf den wir uns in den folgenden Abschnitten überwiegend beziehen. Die Gründungen der ersten europäischen Universitäten Bologna, Paris, Oxford, Cambridge und Montpellier datieren auf die Jahre 1088 bis 1220. Die älteste Universität der heutigen Bundesrepublik ist Heidelberg mit dem Gründungsjahr 1386. Die Anzahl der Fakultäten war gering: die drei oberen Fakultäten Theologie, Jura und Medizin sowie im Rang darunter die Artistenfakultät (facultas artium). Das Studium an der Artistenfakultät mit seinen Fächergruppen Grammatik, Rhetorik, Dialektik sowie Arithmetik, Geometrie, Astronomie und Musik diente häufig als Grundlage zu einem Studium an einer der höheren Fakultäten (Wollgast 2001). Aus der Artistenfakultät entwickelte sich später die Philosophische Fakultät, die – je nach Fach – ihrerseits Grundbaustein für die heutigen geisteswissenschaftlichen, mathematischen und naturwissenschaftlichen Fakultäten waren.

Auch im Mittelalter mussten die Kandidaten schon bestimmte Ausbildungsschritte durchlaufen, bevor sie den Doktorgrad erwerben konnten. Die Erlangung der Doktorwürde war recht mühsam, die zu erbringenden Leistungen abhängig von der jeweiligen Fakultät, aber für den jeweiligen Kandidaten auf jeden Fall mit nicht unerheblichen Kosten verbunden. Einige der damaligen Sitten und Gebräuche findet man auch heute noch bei den modernen Promotionen wieder. Beispielhaft sei hier kurz der Werdegang zur Promotion in Paris im Mittelalter skizziert (Wollgast 2001). Nach Erlangung des Grades Bakkalaureus muss der Kandidat noch einige Jahre Lehrerfahrung sammeln

Promotion, lat. promotio, Beförderung, Erhöhung, Förderung

Historische Entwicklung der Promotion und des Doktorgrades

und die Fähigkeit zur Lehre zum Teil in einem förmlichen Examen vor Lehrern nachweisen. Vorgeschrieben war ein Streitgespräch (Disputation). Nach erfolgreichem Bestehen des Streitgesprächs wurde dem Bakkalaureus der Grad Lizentiat verliehen, der mit einer prinzipiellen Lehrbefugnis für alle Universitäten verbunden war. Zum Erhalt der vollen Lehrbefähigung und damit dem Grad Magister oder Doktor waren einige weitere Jahre der Lehre notwendig und eine feierliche Aufnahme der Korporation, also in die Gruppe der Gelehrten. Aus diesen Ausführungen wird deutlich, dass die Promotion ursprünglich eher die Lehrbefugnis widerspiegelte, was heute durch die Habilitation abgedeckt ist.

Die Kosten, die mit einer Promotion verbunden waren, waren sehr hoch und abhängig von der jeweiligen Universität bzw. Fakultät. Nach Wollgast (2001) lagen die Gebühren für eine theologische Promotion in Deutschland im 17. Jahrhundert im Durchschnitt bei 100 Talern. Hinzu kamen die indirekten Kosten wie der essenzielle Doktorschmaus. Hierzu wird berichtet, dass auf einer Feier der Theologischen Fakultät der Leipziger Universität im April 1666 folgendes Essen und Getränke auf Kosten des frischen Doktors angeboten wurden: „1 Reh, 19 Hasen und 3 andere Stück Wild, 9 Wildenten, 15 Trut- und 3 Auerhähne, 5 Wasserhühner sowie 52 Junghühner. Hinzu kamen Aale, Lachse und Hechte, 12 Kannen italienischen Weins, 3 Faß Bier, für 205 Thaler gewöhnlicher Tischwein sowie für 124 Thaler Konfekt, Marzipan und Mandeltorte." (Wollgast 2001)

Als äußeres Zeichen der Erlangung der Doktorwürde trugen die Promovierten den Doktorhut (Barett), einen Mantel (Talar) und einen Ring, die zum Teil nach erfolgreicher Prüfung feierlich übergeben wurden. Durch diese Markenzeichen unterschieden sich die Lehrenden von den Lernenden und waren zudem äußerlich gut erkennbar. Diese Tradition hat sich bis heute teilweise erhalten; die Übergabe des Doktorhutes nach bestandener mündlicher Prüfung wird nach wie vor zelebriert. Nur ist dies nicht mehr ein formaler Akt, der vom Dekan durchgeführt wird, sondern vielmehr ein Brauch, bei dem Mitglieder der Arbeitsgruppe diesen Doktorhut basteln und überreichen. Vorgaben über das Aussehen existieren nicht. Zudem wird dieser Doktorhut heute mit vielerlei Laborutensilien geschmückt, die einerseits an das durchgeführte Forschungsprojekt erinnern sollen und andererseits lustige (Alltags-)Begebenheiten repräsentieren, die sich während der Promotionsphase ereignet haben.

1.3   Dissertation, Disputation und Rigorosum

Heute unvorstellbar, aber wahr: In der frühen Neuzeit (16. Jahrhundert) konnte die Promotionsschrift, die Dissertation, vom Promovenden (bzw. Respondent) oder seinem Doktorvater, dem Präses, verfasst werden (Wollgast 2001). Der Präses leitete zudem die Verteidigung des Kandidaten. Ebenso verwunderlich ist, dass es besonders geeigneten Kandidaten oder Kandidaten aus dem Stand der Adeligen erlaubt war, sine praeses zu verteidigen. Die Dissertation musste publiziert werden, aber lange Zeit wurden sie nicht unter dem Namen des Promovenden, sondern unter dem Namen des Praeses publiziert, der dadurch eine hohe akademische Anerkennung erhielt.

Diese Vorgehensweise hatte einen kommerziellen Hintergrund. Druckkosten für wissenschaftliche Publikationen waren hoch und einen Geldgewinn konnte man durch deren Verkauf kaum erzielen. Somit bot sich die einfache Lösung an, die Ergebnisse wissenschaftlicher Studien in eine Dissertation zu verpacken und einen Respondenten zu suchen, der bereit war, einerseits über die Schrift des Präses zu disputieren und andererseits die Druckkosten zu tragen. Auf diese Art und Weise konnten von einem Präses z. T. Dutzende an Promotionen veröffentlicht werden.

Abgeschlossen wurde das Studium durch ein mündliches Examen, das Rigorosum oder Disputation genannt wurde. Beides findet auch heute noch Anwendung. Im Examen rigorosum können neben dem eigentlichen Promotionsthema angrenzende Fachgebiete geprüft werden. Die Disputation ist hingegen ein wissenschaftliches Streitgespräch, in dem der Promovend (der Respondent) die Arbeit kritisch diskutieren und gegenüber seinen Prüfern verteidigen muss. Ein Sonderfall ist hierunter die Prüfungsform des Kolloquiums. Dieses teilt sich meistens in zwei Abschnitte. Der erste Abschnitt ist identisch mit der klassischen Disputation, in der die Ergebnisse der Dissertation kritisch diskutiert, von den Prüfern hinterfragt und vom Promovenden verteidigt werden müssen. Im zweiten Teil der Prüfung muss der Promovend heute eine biomedizinische oder molekularbiologische Hypothese vorstellen und sie gegen den Prüfungsausschuss verteidigen. Die Art der Abschlussprüfung variiert von Universität zu Universität und von Fachbereich zu Fachbereich. Länge und Art der Prüfung sind in der jeweiligen Prüfungsordnung bindend festgelegt.

Mündliches Examen

Rigorosum

Disputation

Kolloquium

1.4   Promotionsregeln und Promotionsordnung

Wie das bisherige Kapitel zeigt, werden Promotionen seit Anbeginn nach bestimmten strengen Regeln durchgeführt, auch wenn diese aus heutiger Sicht nicht immer nachvollziehbar sind. Sehr seltsam mutet z. B. der Eid an, den die Promovenden im Mittelalter zur Promotion ablegen mussten: „Im Falle einer Abweisung durften sich die Kandidaten nicht an den Prüfern rächen." Er durfte körperlich nicht abnorm erscheinen und nicht unehelicher Geburt sein (Wollgast 2001). Andererseits hat sich zumindest eine der Vorgaben des Mittelalters bis in die heutigen Tage gehalten: Dem Promovend musste ein guter Leumund eigen und sein moralischer Wandel einwandfrei sein. Diese Voraussetzung spiegelt sich in dem polizeilichen Führungszeugnis wider, dass auch heute noch für eine Promotion notwendig ist.

Die erste den Autoren bekannte Promotionsordnung stammt aus dem Jahr 1219 von der Universität Bologna. Die älteste bekannte ausgefertigte Promotionsurkunde zur Verleihung des akademischen Grads eines Doktors an der damaligen deutschen Universität Prag ist auf den 12. Juni 1359 datiert und wurde für einen Theologen ausgefertigt (Blecher 2006). Bologna gilt als die älteste Universität Europas und gibt auf ihrer Homepage als Gründungsjahr 1088 an (http://www.eng.unibo.it, Stand: 06.02.2014). Ende des 11. Jahrhunderts gab es nachweislich eine Rechtsschule, aus der sich schrittweise eine Universität nach heutigen Maßstäben mit einem breiten Fächerspektrum entwickelte. Alle Universitätsgründungen bedurften damals einer Gründungsurkunde des Papstes oder Kaisers, den Vertretern der geistlichen beziehungsweise weltlichen Herrschaft. Die Promotionsordnung erhielt Bologna folgerichtig durch eine Dekretale des Papstes Honorius III (Wollgast 2001) an den Archidiakon (Erzdiakon; Archidiakonat = kirchliche Verwaltungseinheit, die mehrere Dekanate umfassen konnte) des Domstiftes von Bologna. Eine Dekretale ist eine in Urkundenform veröffentlichte Antwort des Papstes auf eine Rechtsanfrage oder eine Entscheidung im Rahmen der päpstlichen Jurisdiktionsgewalt, die in kirchenrechtliche Sammlungen aufgenommen und dadurch als allgemeine Norm wahrgenommen bzw. verstanden wurde. In seiner Dekretale verfügte Honorius III, das „künftig niemandem das Doktorat verliehen werden dürfe, der nicht zuvor sorgfältig geprüft und durch den Archidiakon mit der Licencia docendi ausgestattet worden war" (Wollgast 2001). Bis zu diesem Zeitpunkt stand das Recht zur Erteilung der Lehrlizenz und des Doktorgrads dem Doktorandenkollegium ohne zusätzliche externe Qualitätskontrolle zu. Da dies zu einer Abnahme der Qualität der Promotion führte, erhoffte man sich durch die Mitwirkung des Archidiakons an der Erteilung der Lehrlizenz eine qualitativen Verbesserung des Lehrkörpers. Dies zeigt, dass man sich auch zu damaliger Zeit schon über das Qualitätsmanagement im Promotionsprozess Gedanken machte.

Das Verfahren verlief so, dass ein Kandidat, der die erforderliche Zeit studiert hatte, von einem Doktor dem Archidiakon präsentiert wurde. Dieser lud offiziell zum Examen ein, wobei die eigentliche Prüfung vom Doktorkollegium abgenommen wurde und der Archidiakon lediglich die Überwachung der Prüfung übernahm. Bestand der Kandidat die Prüfung, erteilte der Archidiakon die formelle Erlaubnis zur Verleihung des Grades. Die Promotion selbst wurde daraufhin durch die Überreichung der Insignien vom präsentierenden Doktor vorgenommen. Auch in diesem Verfahren gibt es durchaus Parallelen mit den heutigen Promotionsverfahren. So leitet der Vorsitzende des Promotionsausschusses oder einer seiner Vertreter das Promotionsverfahren, kontrolliert die ordnungsgemäße Durchführung des Verfahrens und lässt – gleich dem Archidiakon – Fragen zu oder lehnt sie ab.

1.5 Der Inhalt der Promotion im Wandel der Zeit

Die heutige Promotion in der Biomedizin ist der Nachweis der eigenverantwortlichen und selbstständigen Forschung auf einem definierten Themengebiet. Dies war nicht immer so. An der mittelalterlichen Universität stand das Lernen und Aneignen von Wissen im Vordergrund und nicht das Forschen. Mit dem Doktorgrad erwarb man die unbeschränkte Lehrbefähigung an hohen Schulen. Erst im 18. Jahrhundert bildeten sich die Universitäten aus reinen Lehrstätten auch in Forschungseinrichtungen um. Damit hat sich der Ausbildungsweg von Akademikern deutlich gewandelt. Strebt man heute eine universitäre Karriere an, erbringt man über die Promotion zunächst den Nachweis der Forschungsbefähigung. Erst danach erwirbt man die Lehrbefugnis, die Venia legendi (lateinisch = Erlaubnis zu lesen), die man im Zuge einer Habilitation erhält. Die Habilitation ist der Nachweis, dass der Kandidat sein Fach in voller Breite in Forschung und Lehre vertreten kann. Die Habilitation schließt sich der Promotion an, dauert in der Regel mehrere Jahre und ist an bestimmte Leistungen geknüpft wie Anzahl und Güte von Veröffentlichungen in einem Forschungsgebiet sowie Lehrleistungen in Form von regelmäßigen Vorlesungen und Praktikumsbetreuungen. An einigen Fakultäten wird nach erfolgreichem Abschluss des Habilitationsverfahrens die akademische Bezeichnung Privatdozent (PD oder Priv.-Doz.) verliehen. Alternativ verleihen zahlreiche Fakultäten zusätzlich den akademischen Grad eines habilitierten Doktors (Doctor habilitatus, kurz: Dr. habil.). Die Habilitation war bis vor kurzem der einzige Zugang in Deutschland, um auf eine Professur berufen werden zu können. Heute gibt es hierzu alternative Karrieretracks, wie z. B. die Juniorprofessur (siehe auch Seite 124).

Venia legendi: Lehrbefugnis

Habilitation: Nachweis, dass ein Fach in voller Breite in Forschung und Lehre vertreten werden kann.

1.6 Akademische Grade in den Lebenswissenschaften heute

Der akademische Grad, der in den Lebenswissenschaften für Kandidaten mit naturwissenschaftlichen Studium in Deutschland heute am häufigsten vergeben wird, ist der Doktor der Naturwissenschaften Dr. rer. nat. (doctor rerum naturalium). Er wird für erfolgreiche Promoti-

Dr. rer. nat. (doctor rerum naturalium)

onen in den Fächern Biologie, Biomedizin, Molekulare Medizin, (Bio-)Chemie, (Bio-)Physik, Mathematik und (Bio-)Informatik vergeben. Einige wenige Universitäten haben zudem das Promotionsrecht zur Vergabe des angelsächsischen Äquivalents zum Dr. rer. nat., dem **Doctor of Philosophy (PhD)**. Die Leistungen, die zum Erbringen beider Grade notwendig sind, sind vielfach identisch und einige Universitäten bieten ihren Promovierenden die Wahlmöglichkeit zwischen den beiden Graden für ihre Promotion an. Zudem ist es nach angelsächsischem Vorbild oft möglich, den PhD als Zusatz mit dem Fachgebiet zu versehen, in dem die Dissertation erlang wurde. So sind akademische Grade wie „PhD in Immunology" oder „PhD in Physiology" möglich.

Es gibt eine klare Tendenz bei der Wahl zwischen dem deutschen Grad Dr. rer. nat. und dem angelsächsischen PhD: Deutsche Promovierende bevorzugen in der Regel den Dr. rer. nat., wogegen Ausländer, insbesondere aus den asiatischen Staaten, beispielsweise aus Indien, Pakistan, China oder aus den angelsächsischen Ländern, sich eher für den PhD entscheiden. Die Gründe hierfür sind nicht ganz klar. Doch mag dies einerseits den Bekanntheitsgrad und/oder die bessere Akzeptanz des Doctor of Philosophy in diesen Ländern widerspiegeln. In Deutschland kommt hinzu, dass das Kürzel für den Doktorgrad (Dr.) in amtliche Urkunden wie Personalausweis, Reisepass und Führerschein eingetragen werden kann. Allerdings ist der Grad entgegen der landläufigen Meinung kein Namenszusatz, wie der Bundesgerichtshof schon vor mehr als 50 Jahren entschieden hat. Ein Eintragen des Grades PhD ist zur Zeit nur aufgrund einer universitären Äquivalenzbescheinigung als Dr. rer. nat. möglich.

Ein weiterer wichtiger Grad in den Lebenswissenschaften ist der **Dr. med. (doctor medicinae)** bzw. Dr. med. dent. (doctor medicinae dentariae). Dabei kann ersterer nur von Absolventen eines Humanmedizinstudiums und zweiterer von Absolventen eines Studiums der Zahnheilkunde erworben werden. Im Vergleich zu den prinzipiell naturwissenschaftlichen Graden Dr. rer. nat. und PhD gibt es drei gravierende Unterschiede:

(1) Während die Promotion in den naturwissenschaftlichen Fächern im Anschluss auf ein Masterstudium folgt, fertigen Promovenden in der Human- und Zahnmedizin ihre Dissertation in den meisten Fällen bereits während des Studiums an. Da die Voraussetzung zur Erlangung eines Doktorgrades aber der Abschluss eines mindestens vierjährigen Hochschulstudiums ist, erfolgt die Disputation und damit auch die Vergabe des akademischen Grades erst nach dem Staatsexamen.

(2) Die Dauer zur Anfertigung der medizinischen Dissertation ist deutlich kürzer. Während in den Naturwissenschaften als Richtwert eine Promotionsdauer von drei bis vier Jahren Vollzeit angestrebt werden soll, ist die Bearbeitung in der Human- und Zahnmedizin

deutlich kürzer, studienbegleitend und – falls nicht in einem speziellen Promotionsprogramm durchgeführt – häufig nicht in Vollzeit.

(3) Nur wenige medizinische Doktorarbeiten beinhalten eine experimentelle Phase. Häufig werden vorhandene Patientendaten statistisch ausgewertet, um neue Erkenntnisse zu gewinnen. Auf die Empfehlungen des Wissenschaftsrates zu forschungs- und lehrförderlichen Strukturen in der Universitätsmedizin (2004) sind wir bereits weiter oben eingegangen.

Zur Beseitigung dieser Mängel werden an den Medizinischen Fakultäten seit einigen Jahren gezielt sogenannte strukturierte Promotionsprogramme für medizinische Doktorarbeiten aufgelegt (siehe Seite 65). In diesem Zusammenhang soll erwähnt werden, dass Absolventen des Humanmedizinstudiengangs an einigen Einrichtungen auch den Grad Dr. rer. nat. oder PhD erwerben können. Dies setzt aber eine drei bis vierjährige Vollzeit-Promotionsphase nach dem Staatsexamen voraus. Da aber Medizinische Fakultäten in der Regel nicht entsprechende Promotionsverfahren durchführen dürfen, setzt dies eine Kooperation mit einer Naturwissenschaftlichen Fakultät oder mit einer Graduiertenschule voraus. Um den Qualitätskriterien zu genügen, sind solche Kandidaten zudem häufig Mitglieder in spezifischen Promotionsprogrammen.

Neben diesen Hauptabschlüssen gibt es noch eine Reihe von weiteren akademischen Graden, die im Bereich der Lebenswissenschaften vergeben werden. Beispielhaft seien erwähnt der Doktor der Humanbiologie (Dr. biol. hum., biologiae humanum), Doktor der Tiermedizin (Dr. med. vet., medicinae veterinariae), Doktor der Biomedizin/Medizintechnologie/medizinischen Biometrie und Bioinformatik/Gesundheitswissenschaften (Dr. rer. medic., rerum medicinalium). Die Erlangung des Grades Dr. biol. hum. setzt in der Regel den Abschluss eines mindestens vierjährigen (Regelstudienzeit) Studiums in naturwissenschaftlichen Fächern, Humanbiologie, Mathematik, Ingenieurwissenschaften, Informatik, Psychologie, Soziologie oder Pharmazie voraus. Nicht zu verwechseln ist der Dr. biol. hum. mit dem Studium der Humanbiologie, das in Deutschland z. B. an den Universitäten Greifswald und Marburg angeboten wird (www.hochschulkompass.de). Dieses befasst sich mit der Biologie des Menschen sowie den biologischen Grundlagen der Humanmedizin. Ziel ist es, die Absolventen zur wissenschaftlichen und praktischen Arbeit auf dem Gebiet der biomedizinischen Grundlagenforschung der Medizin zu qualifizieren. Dieses Studium schließt mit dem Master ab.

Der Abschluss Dr. med. vet. kann man nur nach dem Studium der Tier- bzw. Veterinarmedizin erlangen und dies auch nur an Universitäten mit einer entsprechenden Fakultät, z. B. an der Tierärztlichen Hochschule Hannover, der Ludwig-Maximilians-Universität München, der Freien Universität Berlin oder den Universitäten Giessen und Leipzig.

Der Grad Dr. rer. medic. oder auch Doktor der theoretischen Medizin, wie er zum Teil genannt wird, wurde ursprünglich wohl von Medizinischen Fakultäten eingeführt, um das Manko des Fehlens des Vergaberechtes für den Dr. rer. nat. zu beheben. Dadurch waren sie der Möglichkeiten beraubt, Absolventen von medizinnahen, zumeist naturwissenschaftlichen Fächern an den eigenen Instituten/Kliniken zu promovieren, und waren damit in einem ernsten Konflikt. Denn einerseits wird ein Großteil der biomedizinischen Forschung heute von naturwissenschaftlichen Promovenden durchgeführt. Andererseits durften diese Doktoranden ohne die Kooperation mit einer Fakultät, die das Promotionsrecht zum Dr. rer. nat. hat, nicht promovieren. Um diesen Standortnachteil gegenüber den naturwissenschaftlichen Fakultäten auszuräumen, wurde der Grad Dr. rer. medic. oder der bereits erwähnte Grad Dr. biol. hum. eingeführt. Die Zulassungsbestimmungen zur Promotion zum Dr. rer. medic. sind sehr unterschiedlich und primär von spezifischen Fächeranforderungen des jeweiligen Standorts abhängig. So gibt es Standorte, die ein Studium der Human- oder Zahnmedizin in ihren Prüfungsordnungen explizit ausschließen und andere Standorte, die dies zulassen. Allen gemeinsam ist jedoch, dass der Abschluss eines mindestens vierjährigen Hochschulstudiums (Regelstudienzeit) Voraussetzung ist.

Weiterführende Literatur

Beisiegel, U. (2009): Promovieren in der Medizin – die Position des Wissenschaftsrates. www.academics.de/wissenschaft/promovieren_in_der_medizin_-_die_position_des_wissenschaftsrates_36382.html.

Blecher, J. (2006): Vom Promotionsprivileg zum Promotionsrecht. Das Leipziger Promotionsrecht zwischen 1409 und 1945 als konstitutives und prägendes Element der akademischen Selbstverwaltung. Dissertation zur Erlangung des Doktorgrades der Philosophie (Dr. phil.) vorgelegt der Philosophischen Fakultät der Martin-Luther-Universität Halle Wittenberg, Fachbereich Geschichte, Philosophie und Sozialwissenschaften. urn:nbn:de:gbv:3-000009944; http://sundoc.bibliothek.uni-halle.de/diss-online/06/06H046/prom.pdf.

Bundesministerium für Bildung und Forschung (BMBF) (2008): Bundesbericht zur Förderung des Wissenschaftlichen Nachwuchses, BuWiN.

Enders, J. (2005): Promovieren als Prozess – Die Förderung von Promovierenden durch die Hans-Böckler Stiftung. Edition der Hans-Böckler-Stiftung 160.

Hauss, K., M. Kaulisch, M. Zinnbauer, J. Tesch, A. Fräßdorf, S. Hinze und S. Hornbostel (2012): Promovierende im Profil: Wege, Strukturen und Rahmenbedingungen von Promotionen in Deutschland. IfQ Working Paper 13.

Heineck, G. und B. Matthes (2012): Zahlt sich der Doktortitel aus? Eine Analyse zu monetären und nicht-monetären Renditen der Promotion.

In: Huber N., A. Schelling und S. Hornbostel (Hrsg.): Der Doktortitel zwischen Status und Qualifikation. IfQ-Working Paper No. 12.

Statistisches Bundesamt – Publikationen im Bereich Hochschulen: https://www.destatis.de/DE/Publikationen/Thematisch/BildungForschungKultur/Hochschulen/PruefungenHochschulen.html; Stand: 26.02.2014.

Stienen, S. (2011): Mythos Dr. Arbeitslos. Arbeitsmarkt Umweltschutz und Naturwissenschaften, 40, IV–VI.

Universitá di Bologna: http://www.eng.unibo.it; Stand: 06.02.2014.

Weber, B. und E. Weber (2013): Bildung ist der beste Schutz vor Arbeitslosigkeit. IAB Kurzbericht 4/2013.

Wissenschaftsrat (2004): Empfehlungen zu forschungs- und lehrförderlichen Strukturen in der Universitätsmedizin (Drs. 5913/04).

Wollgast, S. (2001): Zur Geschichte des Promotionswesens in Deutschland. Dr. Frank Grätz Verlag, Bergisch Gladbach.

2 Rechtlicher Rahmen der Promotion

„Auch wenn alle einer Meinung sind, können alle Unrecht haben." – *Bertrand Russell*

Inhalt

Nicht alle Hochschultypen in Deutschland besitzen das Promotionsrecht, also das Recht zur Vergabe eines Doktorgrades. Hochschulen müssen klar definierte strukturelle Voraussetzungen und Leistungskriterien erfüllen, um dieses Recht von den Landesregierungen zu erhalten. In den Hochschulen ist die Durchführung der Promotionsverfahren an die Fakultäten und ggfs. an die fakultätsübergreifenden Graduiertenschulen delegiert. Das Verfahren selbst ist in den Promotionsordnungen der Fakultäten geregelt. Dabei kommt dem Promotionsausschuss eine besondere Bedeutung zu, da dieser für die korrekte Durchführung des Promotionsverfahrens verantwortlich ist.

2.1 Das Promotionsrecht

Eine Promotion erfolgt in einem rechtlichen Rahmen, der hier am Beispiel deutscher Universitäten beschrieben ist, aber auch auf andere Universitäten im deutschsprachigen Raum übertragen werden kann. In Deutschland besitzen Universitäten das Promotionsrecht, welches ihnen qua Gesetz vom Gesetzgeber zugestanden wurde. Das Promotionsrecht ist in den jeweiligen Landeshochschulgesetzen (LHG) geregelt. Im LHG des Landes Baden-Württemberg heißt es z. B. in der aktuellen Fassung vom 23. Mai 2014 in § 38, Absatz 1: „Die Universitäten haben das Promotionsrecht. Die Pädagogischen Hochschulen haben das Promotionsrecht im Rahmen ihrer Aufgabenstellung. Die Kunsthochschulen haben das Promotionsrecht auf dem Gebiet der Kunstwissenschaften, der Musikwissenschaft, der Medientheorie, der Architektur, der Kunstpädagogik, der Musikpädagogik und der Philosophie. Die Ausübung des Promotionsrechts bedarf der Verleihung durch das Wissenschaftsministerium und setzt eine ausreichend

In Deutschland besitzen Universitäten das Promotionsrecht, welches ihnen qua Gesetz vom Gesetzgeber zugestanden wurde.

breite Vertretung des wissenschaftlichen Faches an der Hochschule voraus." Im Zentrum der Promotion steht immer eine wissenschaftliche Arbeit, die auf einen Erkenntnisgewinn ausgerichtet ist. Daraus leitet sich ab, welche Struktur- und Leistungskriterien eine Institution erfüllen muss, um das Promotionsrecht zu erhalten. Die wichtigsten Strukturkriterien sind dabei, wie vom Wissenschaftsrat in seiner Empfehlung zur Vergabe des Promotionsrechts an nichtstaatliche Hochschulen (2009) dargestellt:

Kriterien für das Promotionsrecht

- eine den disziplinären Erfordernissen entsprechende technische, räumliche, bibliothekarische und personelle Infrastruktur
- eine (grundständige) Lehre, die den Promovenden zur eigenständigen Forschung befähigt, und eine enge Verknüpfung zwischen Forschung und Lehre ermöglicht
- eine hinreichende Qualifikation des die Promotionen betreuenden Personals
- ausreichende organisatorische und finanzielle Ressourcen und
- eine ausreichende fachliche Breite und Interdisziplinarität

Wie wird allerdings festgestellt, ob eine Hochschule diese Kriterien erfüllt? Die zu erbringenden Leistungskriterien entsprechen den für die Forschung quantitativ und qualitativ anerkannten nationalen und internationalen Standards. Leicht messbare Indikatoren sind dabei, zumindest in den Lebenswissenschaften, die Anzahl und die Qualität von Publikationen, die Anzahl der Zitationen, die diese Publikationen erzielen, die Höhe der eingeworbenen Drittmittel, die Anzahl und Sichtbarkeit strategischer Forschungskooperationen mit nicht-universitären (= außeruniversitären) Forschungseinrichtungen oder anderen Hochschulen im In- und Ausland, die Anzahl der erfolgreichen Patentanmeldungen, die Beteiligung an und die Organisation von wissenschaftlichen Veranstaltungen, die Anzahl gewählter Fachgutachter der Einrichtung in Gremien der forschungsfördernden Institutionen oder die Anzahl von renommierten Forschungspreisen, die an einer Hochschule gewonnen wurden. Wohlgemerkt: Es handelt sich bei dieser Aufzählung um Leistungen, die auf der Organisationsebene der Universität zu erbringen sind.

Quantitative und qualitative Standards

In Deutschland erfüllen alle staatlich geförderten Universitäten diese Kriterien. Im Moment wird nicht nur in einigen Bundesländern, sondern auch in der Öffentlichkeit die Frage diskutiert, ob auch Fachhochschulen bzw. Hochschulen für angewandte Wissenschaften das Promotionsrecht erhalten sollen. So lautet die sogenannte Weiterentwicklungsklausel oder „Experimentierklausel" des oben genannten neuen baden-württembergischen LHGs (§ 76, Absatz 2): „Das Wissenschaftsministerium kann einem Zusammenschluss von Hochschulen für angewandte Wissenschaften, dessen Zweck die Heranbildung des wissenschaftlichen Nachwuchses und die Weiterentwicklung der angewandten Wissenschaften ist, nach evaluations- und qualitätsgeleiteten Kriterien das Promotionsrecht befristet und thematisch begrenzt verleihen. Das Nähere regelt das Wis-

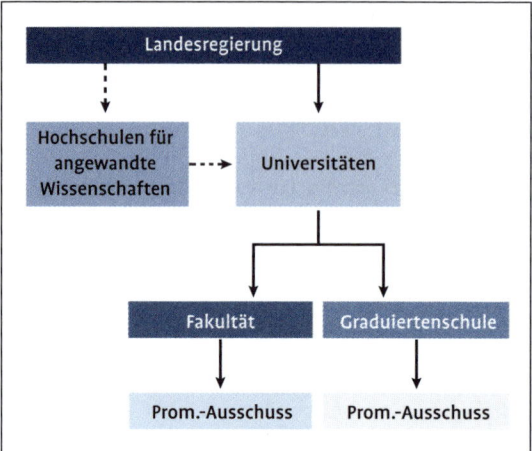

Abb. 2
Schema zur Vergabe des Promotionsrechts durch die Landesregierung und Verteilung der Verantwortlichkeiten in den Universitäten. Gestrichelte Pfeile bedeuten, dass in einigen Bundesländern das Promotionsrecht unter Auflage vergeben werde kann. Prom.-Ausschuss = Promotionsausschuss.

senschaftsministerium durch Rechtsverordnung, die des Einvernehmens des Wissenschaftsausschusses des Landtags bedarf."

Diese Neuregelung wird jedoch außerordentlich kontrovers diskutiert. So schreibt Marion Schmidt in der online Ausgabe der Zeit (http://www. zeit.de/2014/10/fachhochschulen-promotionsrecht-doktoranden; Stand: 10.03.2014): „Wir brauchen in Deutschland nicht mehr Doktoranden – wir brauchen weniger. Wir haben kein Mengenproblem, wir haben ein Qualitätsproblem." Hintergründe dieser Aussage sind einerseits der befürchtete Qualitätsverlust von Promotionen, die ausschließlich an Hochschulen für angewandte Wissenschaften durchgeführt werden, und andererseits eine Promovendenschwemme mit negativen Auswirkungen auf den Arbeitsmarkt, da angemessene Stellen für alle Promovierten nicht in ausreichendem Maße zur Verfügung stehen würden. Im Zentrum der Diskussion steht dabei im Wesentlichen die Frage, inwieweit anwendungsorientierte Forschung der Grundlagenforschung gleichzustellen ist. Wie sich diese Diskussion fortsetzt und ob die genannten Befürchtungen zutreffend sind, bleibt abzuwarten. Allerdings ist es heute in der Regel noch so, dass Promovenden, die an einer Fachhochschule tätig sind, sich einen Partner an einer Universität suchen müssen, der die Arbeit begleitet.

Die Durchführung der Promotion an der Universität ist wiederum an die einzelnen Fakultäten oder ggfs. an (fakultätsübergreifende) Graduiertenschulen delegiert, die das Promotionsverfahren im Rahmen von Promotionsordnungen geregelt haben. Dieser Promotionsordnung wurde im Vorfeld von den beteiligten Fakultäten (Fakultätsrat) und der Universität, in der Regel in Form des Senats und des Präsidiums, zugestimmt. In einigen Bundesländern muss die Promotionsordnung darüber hinaus auch vom Wissenschaftsministerium bestätigt werden. Die Promotionsordnung als solches regelt die verschiedenen Schritte der Promotion, wie beispielsweise die Voraussetzungen zur Promotion, die ein Kandidat erfüllen muss, die Anmeldung zur Promotion, die Zulassung zum Promotionsverfahren, die Abgabe der Arbeit, die Form der schriftlichen Arbeit, die Anzahl der abzugebenden Pflichtexemplare und den Vorgang der Verleihung des Doktorgrades. Auf diese soll hier im Detail weiter eingegangen werden. Promotionen, die im Rahmen eines Promotionsstudienganges geregelt sind, haben darüber hinaus noch eine Studienordnung und ein Curriculum, in der die Anforderungen an die Promovierenden im Rahmen des Promotionsstudiums genau geregelt sind.

Der Promotionsstudiengang

Promotionsstudiengänge sind Studiengänge nach deren erfolgreichem Abschluss ein Doktorgrad (z. B. PhD) vergeben wird. Sie stellen stark strukturierte Promotionen dar, mit definiertem Anfang und Ende und stehen somit im Gegensatz zu den klassischen Einzelpromotionen, die nicht so stark organisierten Vorgaben, Leistungsnachweisen und Strukturen unterliegen.

Rechtlich betrachtet, unterliegen Einzelpromotionen ausschließlich den Vorgaben der Promotionsordnung der jeweiligen Fakultät. Promotionsstudiengänge unterliegen dagegen zwei Ordnungen: (1) der Studienordnung und (2) der Promotionsordnung, die aufeinander abgestimmt sind. Vergleichbar einem Bachelor- oder Masterstudiengang regelt die Studienordnung die zu erbringenden Leistungen (Leistungsnachweise von Lehrveranstaltungen, Zwischenprüfungen etc.), den dafür zur Verfügung stehenden zeitlichen Rahmen und die maximale Studiendauer (hier: Promotions-zeit). Durch sie werden auch der Beginn und das Ende einer Promotion exakt definiert. Darauf aufbauend regelt die Promotionsordnung die verschiedenen Schritte der Promotion, wie beispielsweise die Voraussetzungen, die ein Kandidat erfüllen muss, die Anmeldung zur Promotion, die Zulassung zum Promotionsverfahren, die Abgabe der Arbeit, die Form der schriftlichen Arbeit, die Anzahl der abzugebenden Pflichtexemplare und den Vorgang der Verleihung des Grades.

Während ein Promovend in der Einzelpromotion häufig größere Freiheiten bzgl. der Promotionsdauer und der für die Promotion zu erbringenden Leistungen bei gleichzeitiger größerer Abhängigkeit vom Doktorvater genießt, garantieren Promotionsstudiengänge eine straffere und zielgerichtetere Organisation und damit in der Regel kürzere Promotionsdauer bei gleichzeitig – im Idealfall – geringerer Abhängigkeit (ideell und finanziell) vom Doktorvater.

2.2 Beteiligte universitäre Gremien und Personen

Ein Promotionsverfahren ist ein komplexer Vorgang, in den unterschiedliche Gremien und Personen der Universität involviert sind. Zu diesen Personen und Gremien gehören:

Die Gutachter

Sie bewerten die Arbeit und geben einen Notenvorschlag. Die Gutachter werden vom Promotionsausschuss bestimmt, häufig auf Vorschlag des Promovenden oder des Erstbetreuers. Die Anzahl der Gutachter wird durch die Promotionsordnung festgelegt. In vielen Promotionsordnungen sind bereits externe, z. T. ausländische Gutachter vorgeschrieben, um eine unabhängige Bewertung und international gültige Standards der Arbeit zu gewährleisten.

Bewertung der Arbeit und Vorschlag einer Note

Der Promotionsausschuss

Besondere Bedeutung für die Promotionsverfahren kommt dem Promotionsausschuss und dem Vorsitzenden des Promotionsausschusses zu. Der Promotionsausschuss ist für die korrekte Durchführung des Promotionsverfahrens verantwortlich und trifft normalerweise mehrheitlich die dazu notwendigen Entscheidungen. Die Mitglieder des Promotionsausschusses werden für eine befristete Zeit von der Fakultät bestellt und wählen aus ihrer Mitte einen Vorsitzenden. In vielen Programmen sind die Studierenden durch einen oder mehrere Studentensprecher in diesem Gremium vertreten. Meist beträgt die Amtszeit mehrere Jahre. Bei fakultätsübergreifenden Promotionsordnungen oder fakultätsübergreifenden Graduiertenschulen mit eigenen Promotionsordnungen erfolgt die Bestellung entweder gemeinschaftlich durch die beteiligten Fakultäten oder direkt durch das Präsidium/Rektorat der Universität. Bei den Entscheidungen, die durch den Promotionsausschuss getroffen werden, handelt es sich beispielsweise um die Zulassung zur Promotion, die Bestellung von Gutachtern für die schriftliche Arbeit, die Annahme (oder Ablehnung) von Gutachten, die Bestellung von Prüfern und letztlich die Bewertung der Promotion.

Korrekte Durchführung des Promotionsverfahrens

Das Promotionssekretariat

Administrative Anlaufstelle

Dies ist die administrative Anlaufstelle für alle Promovenden. Das Promotionssekretariat ist der Mittler zwischen dem Promovenden und dem Promotionsausschuss. Es regelt alle administrativen Fragen wie die Anmeldung zur Promotion oder Kontrolle der Einhaltung der formalen Kriterien für die Promotionsschrift. Das Promotionssekretariat hat keine eigenständige Entscheidungsbefugnis.

Die Prüfer

Im Rahmen der mündlichen Prüfung sind mehrere Prüfer involviert, die teilweise mit den Gutachtern identisch sein können. Zum Teil handelt es sich auch um externe Prüfer.

Der Prüfungsausschuss

Regelt alle Belange des Promotionsstudiums.

Er ist nur bei Promotionsstudiengängen relevant und regelt alle Belange des Promotionsstudiums einschließlich der Aktualisierung der Studienordnung und des Curriculums. Aus praktischen Erwägungen ist der Prüfungsausschuss häufig identisch mit dem Promotionsausschuss.

Rektor der Universität, Dekan der entsprechenden Fakultät und Leiter des Promotionsprogramms

Übergeordnete Verantwortung für das Promotionsverfahren und den Promotionsstudiengang

Sie tragen die übergeordnete Verantwortung für das Promotionsverfahren und den Promotionsstudiengang und unterzeichnen abschließend die Promotionsurkunde.

Das Studiensekretariat

Falls es sich um einen Promotionsstudiengang handelt, regelt das Studiensekretariat die Zulassung, Einschreibung sowie Kontrolle der Studienleistungen und stellt das Abschlusszeugnis aus.

Regelt die Zulassung, die Einschreibung und kontrolliert die Studienleistungen.

Die Universitätsbibliothek

Sie bestätigt die Abgabe der Pflichtexemplare der Schrift, was die Voraussetzung für den Abschluss des Verfahrens ist.

Bestätigt die Abgabe der Pflichtexemplare

Das Zulassungsverfahren zur Promotion und handelnde Personen in aller Kürze

- Kritische Selbstreflexion, ob eine Promotion angestrebt wird (aktiv durch Promovenden)
- Überprüfung, ob die formellen Voraussetzungen (z. B. Einstiegsnote) erfüllt sind (aktiv durch Promovenden, ggfs. auch durch Promotionssekretariat)
- Identifikation eines geeigneten Promotionsthemas und Betreuers (Recherche von entsprechenden Ausschreibungen) (Printmedien, World-Wide-Web) (aktiv durch Promovenden)
- Bewerbung (aktiv durch Promovenden)
- Durchlaufen des Bewerbungsverfahrens (schriftliche Bewerbung, Vortrag, Interviews) (aktiv auf Einladung)
- Empfehlung zur Zulassung zur Promotion (mögliche Beteiligte: Promotionsausschuss, Graduiertenprogramm, Betreuer)
- Zulassung zum Promotionsstudium (mögliche Beteiligte: Studiensekretariat, Rektorat)
- Einschreibung als Promotionsstudierender bzw. Anmeldung der Promotion (aktiv durch Promovenden)

2.3 Zulassung zur Promotion

Die meisten Promotionsordnungen schränken den Personenkreis, der zur Durchführung einer Promotion berechtigt ist, durch Zugangskriterien und -leistungen ein. Dabei werden in der Regel primär das zuletzt abgeschlossene Studienfach und die dort erbrachten Leistungen der Bewerber betrachtet. Meist handelt es sich hierbei um Masterstudiengänge, die mit einer vorher definierten Note erfolgreich abgeschlossen worden sein müssen, um zur Promotion zugelassen werden

Zugangskriterien und -leistungen

zu können. Bei vielen Promotionsstudiengängen bzw. -programmen schließt sich noch ein Auswahlverfahren an. Die genannten Mindestleistungen im Masterstudiengang stellen zunächst nur die Vorbedingungen dar, um nachfolgend am Auswahlverfahren teilnehmen zu können.

Zulassung aus- ländischer Bewerber

Da ausländische Universitäten andere Benotungssysteme haben, werden die Abschlüsse dieser Kandidaten häufig aufgrund der Vereinbarung über die Festsetzung der Gesamtnote bei ausländischen Hochschulzugangszeugnissen (Beschluss der Kultusministerkonferenz vom 15. März 1991 in der Fassung vom 18. November 2004) nach der sogenannten modifizierten Bayerischen Formel in deutsche Notenäquivalente umgerechnet. Diese Formel besagt:

$$X \;=\; 1 + 3\frac{N_{\max} - N_{\mathrm{d}}}{N_{\max} - N_{\min}}$$

X   = gesuchte Note
$N_{\max}$ = oberer Eckwert (bestmögliche Punktezahl/Note)
$N_{\min}$ = Unterer Eckwert (schlechtest mögliche Note zum Bestehen)
N_{d} = in das deutsche System zu transformierende Note

In Zweifelsfällen kann die Zentrale Stelle für Ausländische Bildungsabschlüsse (ZAB) um Rat gefragt werden (www.kmk.org/zab.html; Stand: 06.02.2014*).* Häufig sind im Rahmen der Promotionsordnung auch die thematischen Ausrichtungen der anzuerkennenden Masterstudiengänge weiter eingeschränkt. Darüber hinaus enthalten Promotionsordnungen Regelungen, wie mit Kandidaten zu ver-

Mindestanforderungen

fahren ist, die diese Mindestanforderungen nicht erfüllen. Während manche Promotionsordnungen keinerlei Ausnahmen zulassen, enthalten andere Promotionsordnungen Regelungen, wie in Zweifelsfällen zu verfahren ist. Zentrale Bedeutung kommt dabei dem Promotionsausschuss zu, der in diesen Fällen das Entscheidungsgre-

Ausnahmeregelungen

mium hat. Wesentliches Element solcher Ausnahmeregelungen ist eine Promotionseignungsprüfung, im Rahmen derer die Befähigung eines zukünftigen Promovenden zur Durchführung der Promotion festgestellt werden soll. Dies ist insbesondere dann von Bedeutung, wenn beispielsweise Anlass besteht, zu glauben, dass die Abschlussnote im Masterstudiengang nicht den aktuellen Wissens- und Kenntnisstand des Promovenden widerspiegelt. Dies kann beispielsweise der Fall sein, wenn ein Kandidat nach dem Studienabschluss bereits mehrere Jahre Berufserfahrung gesammelt hat, beispielsweise in der industriellen Forschung, und nunmehr an der Universität die Promotion durchführen möchte. Die Abschlussnote im Master- (oder Diplom-)Studiengang sagt dann meist relativ wenig über den aktuellen Wissensstand aus. In solchen Fällen kann der Promotionsausschuss Auflagen machen und beschließen, in welchem Umfang der Kandidat Studienleistungen nachzuholen hat, bevor er zur Promotion zugelassen wird. Einige Promotionsordnungen enthalten zudem besondere Regelungen, ob und wenn ja, wie Bachelor-Kandidaten ohne ein nachfolgendes Masterstudium in eine Promotion aufgenommen werden können. Diese Regelungen gehen im Prinzip auf das angelsächsische Promotionswesen in England und den USA zurück, wo unmittelbar nach einem vierjährigen Bachelorstudium mit der Promotion begonnen werden kann. Allerdings sind die Promotionszeiten aufgrund anders strukturierter Programme in diesen Ländern häufig signifikant länger.

Während in der Vergangenheit die Zulassung zur Promotion häufig erst kurz vor oder mit Abgabe der Dissertation erfolgte, gab es in den letzten Jahren verstärkt die Tendenz und die Bestrebungen, dass Promovenden bereits zu Beginn der Arbeit einen Antrag auf Zulassung zum Promotionsverfahren zu stellen haben und dann unmittelbar zum Promotionsverfahren zugelassen werden. Hintergrund ist u. a., die Promovenden zu erfassen, eine Höchstdauer für das Promotionsvorhaben festzulegen und somit Doktoranden vor zu langen und ungerechtfertigten Promotionszeiten zu schützen. Im eigenen Interesse empfiehlt es sich daher für alle Promovenden, die Promotionsordnung in Hinblick auf Zulassungskriterien vor (!) Beginn einer Arbeit genau zu prüfen, um nicht Gefahr zu laufen, am Ende der Promotionszeit möglicherweise gar nicht zugelassen zu werden. Solche Probleme lassen sich vermeiden. Insbesondere in strukturierten Promotionsprogrammen ist die Registrierung zu Beginn der Promotionsphase verpflichtend, so dass dieses Problem gar nicht erst gegeben ist.

Promotionsordnung in Hinblick auf Zulassungskriterien vor (!) Beginn der Arbeit genau prüfen.

Von der Zulassung zur Promotion, die bereits zu Beginn der Promotion erfolgen kann/muss, ist die Eröffnung des eigentlichen Promotionsverfahrens abzugrenzen, die erst mit der Abgabe der Dissertation erfolgt und die Begutachtung der Schrift und die mündliche Prüfung umfasst. Diese Eröffnung des Promotionsverfahrens wird ebenfalls durch die Promotionsordnung geregelt und erfolgt in der Regel durch den Promotionsausschussvorsitzenden oder den Dekan der zuständigen Fakultät.

2.4 Abgabe und Begutachtung der Arbeit

Die Promotionsordnung legt fest, wie viele Exemplare der Dissertation zur Begutachtung abzugeben sind. Darüber hinaus kann es formale Vorgaben geben, die der Promotionsausschuss hinsichtlich der Form einer Arbeit beschlossen hat. Diese Vorgaben können relativ engmaschig sein und strenge Vorgaben zur Sprache (z. B. Englisch oder Deutsch), für die Gestaltung des Deckblattes, des Zeilenabstands, der Seitenränder, des zu verwendenden Schrifttyps und der

Formale Vorgaben

Zitationsform vorgeben. Die Einhaltung dieser Vorgaben wird in der Regel nach Abgabe zunächst formal durch die Mitarbeiter im Promotionsbüro überprüft. Eine Missachtung dieser Regeln kann dazu führen, dass der Promotionsausschuss die Annahme der Arbeit verweigert oder im Rahmen des Begutachtungsprozesses die Einhaltung der formalen Kriterien und eine entsprechende Nachbearbeitung der Schrift verlangt. Daher ist es vor Anfertigung der Schrift wichtig, sich nach den formalen Vorgaben für die Dissertation zu erkundigen, auf jeden Fall aber vor Drucklegung der fertigen Arbeit. Darüber hinaus verlangen viele Promotionsausschüsse Erklärungen hinsichtlich der Eigenständigkeit der durchgeführten Arbeit und dass die Regelungen zur Guten Wissenschaftlichen Praxis eingehalten wurden (siehe Seite 145). Dies kann auch in Form einer eidesstattlichen Erklärung erfolgen. Darüber hinaus kann es möglich sein, dass der Promotionsausschuss Erklärungen hinsichtlich der Einhaltung gesetzlicher Vorgaben verlangt, wie beispielsweise des Gentechnikgesetzes, des Tierschutzgesetzes, des Embryonenschutzgesetzes, des humane Stammzellgesetzes etc. (siehe hierzu Seite 133).

Begutachtungsverfahren zur Dissertation Nach der Abgabe der Arbeit und der formalen Überprüfung eröffnet der Promotionsausschuss das Begutachtungsverfahren zur Dissertation. Die Promotionsordnung regelt, wer als Gutachter und wie viele Gutachter für die Begutachtung der Arbeit in Frage kommen. Meistens schreiben die Promotionsordnungen vor, dass es sich um ein Mitglied der Professorenschaft oder ein habilitiertes Mitglied der Fakultät handeln muss. Manche Promotionsordnungen erlauben auch, dass habilitierte Mitglieder und Professoren anderer Universitäten diese Aufgaben wahrnehmen dürfen. In anderen Fällen dürfen auch externe Forscher mit gleicher Qualifikation als Gutachter fungieren, die beispielsweise in der Industrie arbeiten. Während in der Vergangenheit die interfakultäre Begutachtung die Regel war, beobachten wir in den letzten Jahren eine Ausweitung der Begutachtung auf die gesamte Universität oder auf die gesamte wissenschaftliche Gemeinschaft, so dass auch internationale Gutachter zur Bewertung der Arbeit herangezogen werden. Diese Maßnahme soll einerseits eine möglichst unabhängige Bewertung der Arbeit ermöglichen und andererseits den internationalen Standard der Schrift sichern. In den meisten Fällen erfolgt die Auswahl und Bestellung der Gutachter auf initialen Vorschlag des Promovenden und/oder Erstbetreuers.

Beschränkte Zeitspanne zur Anfertigung des Gutachtens Meist wird den Gutachtern vom Promotionsausschuss eine beschränkte Zeitspanne zur Anfertigung des Gutachtens vorgegeben. So kann den Gutachtern beispielsweise eine Frist von 6 Wochen nach Eingang der Anfrage eingeräumt werden. Nach Eingang der Gutachten werden diese vom Promotionsausschuss gesichtet und wiederum auf formale Aspekte hin überprüft. Macht einer der Gutachter die **Beseitigung von Mängeln** Beseitigung von Mängeln (inhaltlicher, orthografischer oder stilistischer Natur) zur Auflage, kann der Promovend aufgefordert werden, diese Mängel zu beheben. Für die Beseitigung von Mängeln wird wiederum in der Promotionsordnung ein zeitlicher Rahmen definiert. In Abhängigkeit von der Schwere der Mängel muss die Arbeit ggfs. erneut begutachtet werden, bevor die mündliche Prüfung anberaumt werden kann. Allerdings gilt es an dieser Stelle festzuhalten, dass die Aufforderung zur Beseitigung der Mängel eher die Ausnahme ist und der überwiegende Teil der eingereichten Arbeiten ohne Beanstandung akzeptiert werden.

Bis zur Durchführung der mündlichen Prüfung liegen in den meisten Fakultäten die Gutachten zur Einsicht im Promotionsbüro aus. Die Länge der Auslagefrist ist in den Promotionsordnungen festgelegt. Berechtigt zur Einsicht sind meistens die Hochschullehrer der beteiligten Fakultäten. Gibt es im Rahmen dieser Auslagenfrist keine Einsprüche, kann die mündliche Prüfung angesetzt werden, die im Prinzip aus zwei Teilen besteht: einem Vortrag über die Arbeit mit anschließender Disputation oder Rigorosum. Gegebenenfalls muss die Durchführung der mündlichen Prüfung vorher mit einem gewissen zeitlichen Vorlauf öffentlich angekündigt werden. Die Durchführung der mündlichen Prüfung wiederum variiert zwischen den Fakultäten und kann von einer geschlossenen Prüfung ohne Publikum bis hin zu einer öffentlichen Prüfung variieren. Frageberechtigt können im engsten Sinne nur vorher bestellte Hochschullehrer sein, im weitesten Sinne das gesamte anwesende Auditorium. Auch hier empfiehlt sich ein Blick in die Promotionsordnung, in der nicht nur der zeitliche Rahmen für den Vortrag und die Prüfung definiert ist, sondern auch die Fragen, wer prüfungsberechtigt ist und wie viele Prüfer vorab benannt werden und bei der Prüfung anwesend sein müssen.

Nach der erfolgreichen mündlichen Prüfung ist das Promotionsverfahren jedoch noch nicht abgeschlossen. Die Dissertation muss veröffentlicht werden. Dies regelt ein Bundesgesetz (Bundesgesetz über die Deutsche Nationalbibliothek), in dem festgelegt ist, dass alle Promotionen, die in Deutschland angefertigt worden sind, in der Deutschen Nationalbibliothek zu hinterlegen sind. Zu diesem Zweck muss der Promovend eine definierte Anzahl von gedruckten Pflichtexemplaren und/oder eine elektronische Version an der Bibliothek des Universitätsstandortes hinterlegen. Die Bibliothek bestätigt die Abgabe dieser so genannten Pflichtexemplare beim Promotionsausschuss, der dann mit der Ausstellung des Promotionszeugnisses und -urkunde fortfährt. Das genaue Verfahren zur Abgabe der Pflichtexemplare ist ebenfalls in der Promotionsordnung oder in den dazu angefertigten Verfahrensregeln definiert. Erst mit der Überreichung der Promotionsurkunde ist der Promovend berechtigt, den akademischen Doktorgrad zu führen. Abbildung 3 fasst den zeitlichen Ablauf mit seinen wesentlichen Aspekten zusammen.

Auslagefrist

Mündliche Prüfung: Vortrag über die Arbeit mit anschließender Disputation oder Rigorosum.

Publikation der Dissertation

	Jahr n-1	Jahr n	Jahr n+1	Jahr n+x
Masterphase	▪			
Promotionsphase	▪	▬▬▬▬▬	▬▬▬▬▬	▬▬▬
Projektsuche	▪			
Bewerbungsphase	▪			
Betreuungszusage	▪			
Betreuungsvereinbarung & Projektplan	▪			
Beginn der experimentellen Phase				
Ende der experimentellen Phase				▪
Zwischenprüfungen		▪	▪	
Schreib- und Korrekturphase				▬▬
Disputation				▪

Abb. 3 Die einzelnen Phasen einer Promotion im zeitlichen Überblick.

2.5 Besondere Regelungen

In der Promotionsordnung ist auch geregelt, wie bei Nichtbestehen der mündlichen Prüfung vorzugehen ist, oder wenn z. B. einer der Gutachter die Annahme der schriftlichen Arbeit als Promotion ablehnt. In der Regel gibt es hierzu Wiederholungsregelungen für mündliche Prüfungen oder die Möglichkeit, einen weiteren Gutachter für die schriftliche Arbeit zu bestellen. Bei wiederholtem Nichtbestehen der mündlichen Prüfung oder bei wiederholter Ablehnung der Arbeit durch einen Gutachter kann das Promotionsverfahren durch den Promotionsausschuss ohne vollzogene Promotion für beendet erklärt werden. Auch im positiven Sinne kann es Ausnahmen vom normalen Verfahren geben, nämlich dann, wenn eine Arbeit als besonders gelungen und wissenschaftlich herausragend bewertet wird. Die Promotion mit Auszeichnung, weithin als Promotion mit dem Prädikat „summa cum laude" bekannt, beinhaltet häufig die Einholung eines weiteren, meist zwingend von einem externen Gutachter angefertigten Votums.

Scheitern der Promotion

Checkliste Promotionsverfahren

- Welche Kriterien müssen zur Zulassung zur Promotion erfüllt sein?
- Gibt es Ausnahmeregelungen für Kandidaten mit Bachelorabschluss?
- Gibt es Ausnahmeregelungen für Kandidaten, die das Eingangsnotenkriterium nicht erfüllen?
- Gibt es Regelungen für die Promotionseignungsprüfung?
- Im Falle von Promotionsstudiengängen: Wie ist das Aufnahmeverfahren geregelt?
- Gibt es Zwischenprüfungen vor Abgabe der Dissertation?
- Gibt es formale Kriterien, die bei der Abfassung der schriftlichen Arbeit beachtet werden müssen?
- Wer kommt für meine Arbeit als Gutachter in Frage?

- Kann ich Gutachter vorschlagen?
- Welche Erklärungen müssen bei der Abgabe der Dissertation beigefügt werden?
- Gibt es sonstige Kriterien, die vor der Abgabe der Arbeit erfüllt werden müssen? (Notwendigkeit wissenschaftlicher Veröffentlichungen?)
- Wie sieht der zeitliche Rahmen für das Begutachtungsverfahren aus?
- Welche Möglichkeiten habe ich, das Begutachtungsverfahren zeitlich zu beschleunigen?
- Welche Rechte habe ich in diesem Zusammenhang?
- Wie sieht die mündliche Prüfung zur Verteidigung aus (Kolloquium, Disputation), gibt es eine Fächerprüfung (Rigorosum)?
- Wie lang darf mein Vortrag sein?
- Wer ist prüfungsberechtigt und wie viele Prüfer muss ich für die mündliche Prüfung vorschlagen?
- Was muss ich nach der mündlichen Prüfung noch erledigen?
- Bei wem muss ich meine Pflichtexemplare abgeben?
- In welcher Form kann die Abgabe der Pflichtexemplare erfolgen?

Weiterführende Literatur

Kultusministerkonferenz (2004): Vereinbarung über die Festsetzung der Gesamtnote bei ausländischen Hochschulzugangszeugnissen. Beschluss der Kultusministerkonferenz vom 15.03.1991 i. d. F. vom 18.11.2004.

Kultusministerkonferenz: Unsere Aufgaben http://www.kmk.org/zab.html; Stand: 06.02.2014

Schmidt, M.: Bitte nicht noch mehr Doktoranden! http://www.zeit.de/2014/10/fachhochschulen-promotionsrecht-doktoranden; Stand: 10.03.2014

Wissenschaftsrat (2009): Empfehlungen zur Vergabe des Promotionsrechts an nichtstattliche Hochschulen (Drs. 9279-09).

3 Die Entwicklung der modernen Promotion

„Wandlung ist notwendig wie die Erneuerung der Blätter im Frühling." – *Vincent van Gogh*

Inhalt

Heute sind Promotionen klaren rechtlichen Regelungen unterworfen, die in den Landeshochschulgesetzen niedergeschrieben sind und von den zur Promotion berechtigten Hochschulen in Promotionsordnungen umgesetzt werden. Dies gilt gleichermaßen für die sogenannte Einzelpromotion, dem das klassische Verhältnis Doktorand/in – Doktorvater/mutter zu Grunde liegt, als auch für die Promotion in strukturierten Promotionsprogrammen wie Graduiertenkollegs oder Graduiertenschulen. Was unterscheidet aber die Einzelpromotion von den Promotionsprogrammen, was sind die jeweiligen Vor- und Nachteile? Diese Punkte sollen nachfolgend erörtert werden. Promovenden sollen in diesem Kapitel einen Überblick über mögliche Promotionsformen bekommen. Betreuer und Verantwortliche an den Universitäten finden hier Hinweise, durch welche Kriterien sich eine gute Betreuung oder ein innovatives Promotionsprogramm auszeichnen.

3.1 Einzelpromotion versus Promotionsprogramme

Einzelpromotion: Klassische Promotion, bei der ein Doktorand in einer Arbeitsgruppe unter Anleitung eines einzelnen Betreuers an einem vorgegebenen Thema forscht und arbeitet.

Unter einer Einzelpromotion versteht man die klassische Promotion, bei der ein Doktorand in einer Arbeitsgruppe unter Anleitung eines einzelnen Betreuers (Professor, Juniorprofessor, Privatdozent) an einem vorgegebenen Thema forscht und arbeitet. Vielfach ist es so, dass aufgrund der Arbeitsgruppenstruktur zwischen dem Betreuer und dem Doktoranden ein unmittelbarer Betreuer zwischengeschaltet ist (z. B. Postdoc oder fortgeschrittener Doktorand), der die tägliche Anleitung und Betreuung an der Laborbank übernimmt, wohingegen der mittelbare Betreuer (z. B. der Professor) die Forschungsrichtung, die Hypothesen oder Impulse zur Durchführung der Arbeit vorgibt, die spätere Bewertung durchführt und die mündliche Prüfung abnimmt.

Promovenden in der Einzelpromotion haben in der Regel nur einen einzigen Betreuer, den klassischen Doktorvater oder die Doktormutter, die während der Promotionszeit als Ansprechpartner/in und akademische/r Mentor/in zur Verfügung steht und gleichzeitig Arbeitgeber/in ist. Zudem erstellt er/sie das Erstgutachten zur Bewertung der Promotionsschrift. Promovenden in dieser klassischen Einzelpromotion sind somit intellektuell wie auch finanziell extrem von diesem mehr oder weniger engen Verhältnis abhängig. Leider gibt es keine Statistiken, wie häufig Promotionen aufgrund eines Missverhältnisses zwischen dem Doktorvater/der Doktormutter und dem Promovenden abgebrochen werden. Möchte man die Erfolgsquote von Promotionen erheben, stellt sich das grundlegende Problem, dass in Deutschland keine umfassenden Daten bezüglich der Aufnahme von Promotionsvorhaben erhoben bzw. vorgehalten werden. Der Bundesbericht für den wissenschaftlichen Nachwuchs 2008 geht davon aus, dass über alle Fächer hinweg 2/3 aller Promotionsvorhaben scheitern, wobei die Ursachen jedoch nicht im einzelnen erfasst sind. Hintergründe können die Unzufriedenheit des Doktoranden mit dem Betreuer und dem Betreuungsverhältnis sein, aber auch die Unzufriedenheit des Betreuers mit der Motivation und dem Einsatz der Doktoranden, der Weggang des Betreuers an eine andere Universität oder zu einem anderen Arbeitgeber, die falsche Themenwahl, eine Überforderung des Kandidaten, finanzielle und/oder auch familiäre (Doppel-)Belastungen. In den Lebenswissenschaften ist diese Fehlquote vermutlich niedriger. Die Erfahrung der Autoren dieses Buches zeigt, dass in der überwiegenden Anzahl der Fälle eine begonnene Promotion auch zum Abschluss gebracht wird. Im Gegensatz zu den strukturierten Programmen, bei denen sich der Doktorand vor Beginn der praktischen Tätigkeit zur Promotion anmelden muss, bestimmt bei der Einzelpromotion der Doktorvater in erheblichem Ausmaß die zeitliche Länge der Promotion. Er entscheidet, wann die Daten zur Abgabe der Dissertation ausreichen. Nicht selten kommt es gerade gegen Ende der Promotion zu Auflagen, dieses oder jenes Experiment noch durchzuführen, um die nötigen Daten für eine Publikation zu erhalten. Hintergrund ist, dass in diesen Fällen der Beginn der Promotion nicht durch eine Anmeldung exakt definiert ist (siehe weiter unten) und damit die in den Promotionsordnungen festgelegte maximale Promotionsdauer durch ein Herausschieben der Anmeldung „inoffiziell" verlängert werden kann. Bei Einzelpromotionen erfolgt die Anmeldung zur Promotion meist erst kurz vor Abgabe der Dissertation. Wenn auch die Argumente des Betreuers, Daten für eine wichtige Publikation fertig zu stellen, durchaus verständlich und im Sinne der weiteren Karriereentwicklung für den Doktoranden nachvollziehbar sind, führt diese Vorgehensweise aus Sicht des Promoven-

Einzelbetreuer: Doktorvater/-mutter

Erfolgsquote von Promotionen

den häufig zu einer unnötigen Verlängerung der Promotion. Doktoranden haben dann nicht selten Angst, sich argumentativ gegen ihren Betreuer durchzusetzen, da sie um eine gute Benotung fürchten. So kommt es bei Einzelbetreuungen auch heute noch zu Promotionen, die teilweise durch eine sehr lange Promotionsdauer von deutlich mehr als 5 Jahren charakterisiert sind.

Finanzierung der Promotionsstelle
Ein weiterer wichtiger Gesichtspunkt in diesem Zusammenhang ist die Finanzierung der Promotionsstelle. Naturwissenschaftliche Doktoranden in den Lebenswissenschaften wurden bis vor einigen Jahren mit 50 %-Stellen nach TVL E13 oder Stipendien in vergleichbarer Höhe ausgestattet, für Akademiker in der „rush hour" des Lebens eine sicherlich nicht sehr attraktive Vergütung. Diese 50 %-Stellen haben einen historischen Hintergrund. Sie wurden im Prinzip für promotionsfremde Tätigkeiten an dem jeweiligen Institut vergeben, beispielsweise für Lehrtätigkeiten verbunden mit einer Haushaltsstelle des Instituts. Der andere „nicht-finanzierte Teil der Stelle" könnte dann für die Promotionsarbeit verwendet werden. Man kann es auch anders ausdrücken: Die Promotion erfolgt bei diesem Modell in der Freizeit, die benötigte Infrastruktur und finanziellen Mittel für das Forschungsprojekt wurden von dem betreuenden Institut zur Verfügung gestellt. Auch bei Stellen, die aus Drittmitteln finanziert werden, hat man dieses Modell angewandt. Erst in den letzten Jahren wurde die Dotierung für naturwissenschaftliche Promovenden in den Lebenswissenschaften in vielen Fällen auf immerhin 65 %-Stellen erhöht. Jedoch besteht in Einzelpromotionen, die wie eben beschrieben nicht den stringenten Zeitvorgaben von strukturierten Programmen folgen, in Ausnahmefällen durchaus die Möglichkeit der Ausnutzung des Promovenden durch den Doktorvater. Sie könnten als „billige Arbeitskräfte" angesehen werden, die am Ende ihrer Promotion bereits Postdoc-Tätigkeiten übernehmen, ohne adäquat über eine ganze Stelle finanziert zu werden.

Weiterbildungsmaßnahmen
Der Doktorvater entscheidet bei der Einzelpromotion auch darüber, welche Weiterbildungsmaßnahmen ein Kandidat im Rahmen seiner Promotion bzw. Anstellung besuchen kann. Der eine oder andere Betreuer sieht es nicht gerne, wenn ihre Promovenden sich nicht mit der Forschung an der Laborbank beschäftigen, sondern sich ihrer eigenen Weiterbildung und damit auch den Chancen auf dem Arbeitsmarkt widmen. Allerdings gibt es durchaus Doktoranden, die die Notwendigkeit und Sinn dieser Fortbildungsveranstaltungen nicht einsehen. Ein weiteres Problemfeld: In der Einzelpromotion ist der Doktorvater – nach den in den jeweiligen Promotionsordnungen vorgegebenen spezifischen Noten- und Fachvorgaben – die einzige Person, die in die Auswahl eines Doktoranden involviert ist. Die Auswahlkriterien bleiben oft im Unklaren und universitätsweit vergleichbare Qualitätsstandards für die Auswahl der Kandidaten sind nicht gegeben.

Promotionsprogramme wurden eingerichtet, um den offensichtlichen Mängeln der klassischen Einzelpromotionen entgegenzuwirken. Die Qualität der Ausbildung im Rahmen der Promotion sollte verbessert, die Promotionszeiten verkürzt und die Promovenden besser auf den Arbeitsmarkt sowohl in wissenschaftlichen Einrichtungen als auch in der Industrie vorbereitet werden. In den heutigen innovativ strukturierten Promotionsprogrammen haben die Promovenden spezifische Betreuungskomitees, die aus 2–3 Professoren bestehen. Für diese Betreuungsteams wird, angelehnt an den angloamerikanischen Sprachraum, auch die Bezeichnung Thesis Advisory Committee, kurz TAC, in Verwendung. Nach wie vor stammt der Erstbetreuer (der Doktorvater) aus dem Institut, an der die Dissertation angefertigt wird. Die Zweit- und Drittbetreuer können aus derselben Universität oder einer anderen Universität, z. T. auch aus einer ausländischen Forschungseinrichtung stammen. Einige Einrichtungen wie die International Graduate School in Molecular Medicine Ulm haben als sinnvolle Erweiterung einen zusätzlichen Betreuer aus der sogenannten Junior Faculty eingeführt. Bei der Junior Faculty handelt es sich um junge Postdocs, die zwar schon externe Drittmittel einschließlich Doktorandenstellen eingeworben haben oder sich durch eigenständige Publikationen als korrespondierende Autoren hervorgetan haben, aus rechtlichen Gründen (z. B. fehlende Habilitation) jedoch keine Doktoranden prüfen dürfen. Um diesen Widerspruch zu begegnen, wurde der „Zusatzbetreuer" eingeführt und damit Postdocs die Möglichkeit eingeräumt, sich offiziell aktiv an der Ausbildung, Betreuung und Prüfung ihres Doktoranden zu beteiligen.

Betreuungsteam: Thesis Advisory Committee

Betreuungskomitees haben gegenüber dem Einzelbetreuer zahlreiche Vorteile. Die intellektuelle Abhängigkeit ist deutlich reduziert. Bei Konfliktfällen kann sich der Doktorand vertrauensvoll an seine anderen Betreuer wenden. Zwar bleibt die finanzielle Abhängigkeit in Form der Promotionsstelle vom Erstbetreuer bestehen (so lange die Stelle nicht aus einem Programm doktorandenbezogen und nicht projektbezogen finanziert ist), allerdings werden unnötige zeitliche Verlängerungen der Promotion häufig vermieden, wofür entsprechende Vorgaben des Programms sorgen. Die größten Vorteile von Betreuungskomitees aus unserer Sicht sind allerdings die Qualitätskontrolle und die gerechtere Notenvergabe, unter der Voraussetzung, dass jeder Betreuer ein unabhängiges Gutachten erstellt. Der wissenschaftliche Erkenntnisgewinn und Output wird häufig potenziell größer sein, da durch die regelmäßigen Diskussionen des Betreuungskomitees mit dem Doktoranden neue, zusätzliche Ideen in das Projekt einfließen und dem Projekt damit einen Schub verleihen können. Kritische Situationen im Projekt können schneller erkannt und alternative Lösungsvorschläge schneller und effizienter umgesetzt werden. Außerdem steht dem Promovenden ein größeres Methoden- und Gerätepotenzial zur Verfügung. Nicht zu vernachlässigen ist für Doktoranden hierbei auch die Möglichkeit, Kooperationen und ein eige-

Vorteile der Betreuungskomittees

nes „Forschungsnetzwerk" aufzubauen, welches der weiteren wissenschaftlichen Karriere sehr zu gute kommt.

Während bei einer Einzelpromotion die kritische Betrachtung der Versuchsplanung und die kritische Analyse und Diskussion von Versuchsergebnissen meist nur in einem Zwiegespräch zwischen Doktorvater/Doktormutter und dem Promovenden oder in den institutseigenen Seminaren erfolgt, erlauben die institutsübergreifenden Veranstaltungen in strukturierten Programmen und die Interaktionen mit dem Betreuungsteam eine weitaus kritischere Betrachtungsweise des Fortschritts und der Ergebnisse der Doktorarbeit. Der Input von unterschiedlichen Seiten muss zwangsläufig zu einer Qualitätssteigerung der Promotionsarbeiten führen. Gleichzeitig wird der Promovend dadurch ein Stück weit von dem Druck der Abhängigkeit vom Erstbetreuer befreit. Kritik, die von mehreren Seiten kommt, überzeugt einen Doktorvater wahrscheinlich eher, als Kritik, die von einem Doktoranden herangetragen wird, der zudem noch um seine Note bei der Promotion bangt.

Ein zentrales Element der Promotion ist die weitergehende Ausbildung des Promovenden. Diese Ausbildung kann man in vier Ebenen unterteilen: (1) Die praktische Ausbildung an der Laborbank, die dem Erwerb eines guten Methodenrepertoires und der technischen Expertise dient. (2) Die Planung und Organisation von Experimenten sowie die kritische Analyse von Ergebnissen. (3) Die theoretische Ausbildung, in dessen Zentrum sowohl die Erlangung von tiefem Fachwissen, aber auch von Wissen, das über das eigentliche Fachgebiet hinausgeht, steht. (4) Die Erlangung von Kompetenzen, die dem Kandidaten den Einstieg und die Bewältigung des Berufslebens erleichtert. Viele dieser Kompetenzen können einfacher und kostengünstiger von strukturierten Programmen als bei Einzelpromotionen organisiert und vermittelt werden.

Das Methodenrepertoire steht bei dieser Auflistung bewusst an erster Stelle. Nicht selten legen zukünftige Arbeitgeber, sei es in der Industrie oder an der Hochschule, sehr viel Wert auf die Kenntnis eines breiten, vielfältigen und zugleich aktuellen Methodenspektrums. Vielfach möchten sie sich durch die Anstellung eines neuen Mitarbeiters auch die Beherrschung einer bestimmten Methode einkaufen. Es ist offensichtlich, dass das Erlernen eines großen Methodenrepertoires in einem strukturierten Programm, in dem zahlreiche Arbeitsgruppen zusammengefasst sind, einfacher ist als bei einer Einzelpromotion. Zwar wird der Doktorvater im Regelfall auch bei einer Einzelbetreuung sehr gute Kontakte zu Nachbarlaboratorien und internationalen Kooperationspartnern haben, doch ist ein Aufenthalt für den Doktoranden dort auch unter finanziellen Gesichtspunkten häufig schwierig. Ein persönlicher Kontakt zwischen den Doktoranden, wie es durch die verschiedenen Programmbausteine in strukturierten Programmen gewährleistet ist, erleichtert dies dagegen nicht nur, sondern ermutigt den Promovenden auch, kreative Ideen zur

Kritische Betrachtungsweise des Fortschritts und der Ergebnisse

Qualitätssteigerung der Promotionsarbeiten

Vier Ebenen der Ausbildung des Promovenden

Methodenrepertoire

Anwendung neuer Methoden zu entwickeln, die ihm von seinen Kommilitonen in gemeinsamen Seminaren vorgestellt worden sind. Dies fördert die wissenschaftliche Selbstständigkeit und die intellektuelle Leistungsfähigkeit immens. Viele strukturierte Promotionsprogramme forcieren dies noch, indem sie einerseits Praktika als Teil des Pflichtcurriculums aufnehmen und andererseits Reisegelder aus Mobilitätsprogrammen (siehe unten) zur Verfügung stellen, damit Doktoranden in externen Laboren im In- und Ausland die Anwendung aktueller Methoden erlernen können. Abgesehen davon, dass die Doktoranden unmittelbar Vorteile aus diesen Maßnahmen ziehen, hat auch das Labor des Betreuers einen signifikanten Mehrwert in Form eines erhöhten Methodenrepertoires, verstärkter Kooperationsmöglichkeiten und zusätzlicher Reisemittel für seine Doktoranden.

In ihrem Papier „Zur Organisation des Promotionsstudiums" bemängelte die Hochschulrektorenkonferenz schon im Jahr 2003 die zu engleisige Ausbildung bei Einzelpromotionen. In diesem Papier heißt es: „Da die Betreuung eines Doktoranden durch mehrere Wissenschaftler aus unterschiedlichen Fächern eher selten ist, kommen der Vermittlung einer breiten Methodenkenntnis sowie einer vertieften fächerübergreifenden Orientierung (die im Hinblick auf den Arbeitsmarkt und eine spätere wissenschaftliche Tätigkeit von besonderer Bedeutung ist) zu geringe Bedeutung zu." Diesem Mangel wirken die strukturierten Programme durch mehrere gezielte Maßnahmen entgegen. Hierzu zählen sowohl die interdisziplinären Betreuungskomitees als auch die themenübergreifenden Lehrveranstaltungen, die als Teil des Curriculums angeboten werden. Ein gutes Beispiel hierfür ist die Vorlesungsreihe „Improve your textbook knowledge", die eine Pflichtveranstaltung der International Graduate School in Molecular Medicine Ulm für alle Promovenden im ersten Promotionsjahr ist. Sie dient nicht nur dazu, die Promovenden, die aus unterschiedlichen Fachrichtungen stammen und zudem unterschiedliches Hintergrundwissen haben, auf einen gemeinsamen „Nenner" oder gemeinsame „Sprache" zu bringen, sondern auch dazu, neueste wissenschaftliche Erkenntnisse aus den unterschiedlichsten Themenfeldern zu vermitteln. Ähnliche Veranstaltungen bieten auch andere Graduiertenschulen aus dem Gebiet der Life Sciences an.

Themenübergreifende Lehrveranstaltungen

Unterstützt wird diese interdisziplinäre Ausbildung sowohl in Einzelpromotionen als auch in strukturierten Programmen durch Gastwissenschaftlervorträge, die vom Doktorvater, den Forschungsverbünden vor Ort oder auch von der Graduiertenschule organisiert werden. Hier gilt es allerdings anzumerken, dass diese Veranstaltungen nicht immer primär auf die Bedürfnisse der Doktoranden ausgerichtet sind und keine logische Abfolge von Themen beinhalten. Sie sind jedoch sehr gut dazu geeignet, die Nachwuchswissenschaftler über den aktuellen Stand in einer Vielzahl von Themenfeldern zu informieren. Ein Vorteil der strukturierten Programme ist das häufig größere

Interdisziplinäre Ausbildung

Budget für solche Veranstaltungen, das auch zulässt, dass solche Veranstaltungsreihen von den Promovenden selbst organisiert werden können. Themen und Referenten können nach dem eigenen Interesse ausgewählt werden. Ein wichtiges „Add-on" neben dem Aufbau eines wissenschaftlichen Netzwerkes für die Doktoranden, die diese Gastredner einladen, ist, dass man schon in diesem Stadium seiner Ausbildung lernt, solche Veranstaltungen unter einem limitierten Budget zu organisieren, Kontakte zu potenziellen Gastrednern aufzunehmen und diese während des Aufenthaltes zu betreuen.

Schlüsselkompetenzen   Die Bandbreite an Schlüsselkompetenz-Kursen, die heute in den strukturierten Promotionsprogrammen angeboten werden, ist immens groß. Sie reichen von Seminaren „Zur guten wissenschaftlichen Praxis", über „Patent- und Eigentumsrechte" bis hin zu „Projektmanagement" und „wissenschaftliches Schreiben und Schreiben eines Förderantrags". Diese Veranstaltungen dienen dazu, dem Promovenden den Einstieg in das Berufsleben sowohl in einer wissenschaftlichen Einrichtung als auch der Industrie zu vereinfachen und ihm somit bessere Karriereoptionen zu bieten. Während in den strukturierten Programmen eine Vielzahl dieser Kurse, die spezifisch auf die Bedürfnisse der Promovenden zugeschnitten sind, bereits Standard sind, ist eine Teilnahme für Kandidaten aus der Einzelpromotion aus zwei Gründen schwierig: Zum einen liegt es an einem mangelnden Angebot und zum anderen an den fehlenden finanziellen Ressourcen. Solche Kurse machen nur Sinn, wenn sie gezielt auf die Promovenden und deren Wissensstand ausgerichtet sind. Dabei sind die Größe des Kurses, seine Sprache und die zeitlichen Erfordernisse in Betracht zu ziehen. Es ist nahezu unmöglich, so etwas für einen einzelnen Lehrstuhlinhaber oder Doktorvater in der benötigten Vielfalt für die wenigen Doktoranden seiner Abteilung zu organisieren. Zudem handelt es sich meist um in-House-Seminare, die durch externe Referenten abgehalten werden. Hierdurch entstehen erhebliche Kosten, die nur selten von einem Doktorvater aufgebracht werden können, jedoch von Promotionsprogrammen im Rahmen der Eigenförderung übernommen werden. Ein weiterer Punkt spielt hier eine wichtige Rolle: Während bei einer Einzelpromotion die Teilnahme an solchen Key Competence Seminaren oder Soft Skill Kursen Eigeninitiative des Doktoranden erfordert, können diese in den strukturierten Programmen Bestandteil des Wahlpflichtcurriculums sein. Nicht selten können dabei die Kollegiaten aus einem Pool von Veranstaltungen diejenigen aussuchen, die sie am meisten interessieren bzw. die sie für ihre Karriere am förderlichsten erachten. Zudem besteht in den strukturierten Programmen die Möglichkeit, dass die Kollegiaten Themen vorschlagen, zu denen sie gerne Key Competence Seminare hätten. Mit anderen Worten: In dieser Hinsicht bieten strukturierte Programme eine größere Flexibilität, als es aus finanzieller und organisatorischer Hinsicht bei Einzelpromotionen möglich ist.

Zwei weitere Punkte müssen bei dem Vergleich von Einzelpromotionen versus strukturierten Programmen noch angesprochen werden: Die Leistungen, die zur Erlangung der Promotion erbracht werden müssen, und die Notengebung. Zweifelsohne sind die promotionsbegleitenden Anforderungen an die Promovenden wie die zu absolvierenden Kurse, Seminare und Praktika in den strukturierten Programmen größer als in der Einzelpromotion. Und zweifelsohne geht der hierfür benötigte Zeitrahmen von der für die Laborarbeit zur Verfügung stehende Zeit ab. Viele Betreuer sehen dies nicht gerne, da „die Doktoranden doch im Labor stehen und hier ihre Arbeit machen sollen". Hintergrund dieser Forderung ist der Druck, der auf dem Betreuer liegt, Publikationen zu produzieren. Gelingt dies nicht, ist eine Weiterförderung der Projekte durch die externen Drittmittelgeber zumindest gefährdet. Erschwerend kommt hinzu, dass die Promotionszeit vielerorts auf drei bis vier Jahre begrenzt ist und damit die Sorge der Betreuer verständlicher wird, die Ergebnisse der Promovenden nicht in entsprechend hochrangigen internationalen Journalen veröffentlichen zu können. Dies ist aber nur eine Seite der Medaille. Aus Sicht der Doktoranden überwiegen die Vorteile, die sie durch den Besuch solcher Kurse gewinnen, bei weitem den oben genannten Zeitnachteil. Denn sie erhöhen damit signifikant ihre Einstiegschancen in die Berufswelt, werden besser auf ihr zukünftiges Berufsfeld vorbereitet und verbessern zumindest im nicht-akademischen Beschäftigungssektor ihre Karriereoptionen.

Bezüglich der Notengebung gilt es festzuhalten, dass es meist aufgrund der Vorgaben des Programmes transparente Regeln zur Notenvergabe gibt, die Noten damit gerechter und vergleichbarer werden. Hier spielt unseres Erachtens die Beteiligung externer unabhängiger Gutachter eine große Rolle. Denn sie sollen eine objektivere Sichtweise auf die Arbeit gewähren, als dies der Doktorvater/die Doktormutter aufgrund des jahrelangen engen Kontaktes kann. So etwas gelingt in strukturierten Programmen meist besser als bei Einzelpromotionen, da hier externe Gutachter häufig vorgeschrieben sind. Bei Einzelpromotionen stellen externe Gutachter häufig nur eine Option dar und regelmäßig kommen solche Promotionen noch ohne externen Gutachter aus.

Als Weiterentwicklung aus diesem Befangenheitskriterium gilt es, mittelfristig zu überlegen, ob es aufgrund einer gerechteren Notengebung und dem Interessenskonflikt des Erstbetreuers nicht generell besser wäre, Betreuung und Bewertung der Arbeit vollständig voneinander zu trennen, wie dies in einigen ausländischen Programmen üblich ist (z. B. Finnland). Dies ist eine Forderung, die auch der Wissenschaftsrat (2011) in seinem Positionspapier „Anforderung an die Qualitätssicherung der Promotion" stellt. Allerdings würde bei dieser Art des Bewertungsverfahrens ausschließlich die Darstellung der Ergebnisse bewertet werden und das Engagement des Doktoranden für sein Projekt hätte keinerlei Einfluss auf die Notengebung. Zudem

Promotionsbegleitende Anforderungen an die Promovenden

Notengebung

stellt das oben genannte Papier des Wissenschaftsrats das deutsche Notensystem in Frage und empfiehlt die Umstellung auf ein auch in europäischen Nachbarländern übliches binäres System mit den Noten „Bestanden" und „Bestanden mit besonderem Lob/Ausgezeichnet". Einer der genannten Gründe für diese Empfehlung ist, dass für die Mehrzahl aller Promotionen die Bestnote (summa cum laude) und die zweitbeste Note (magna cum laude) vergeben werden. Die übrigen Benotungen kommen weitaus seltener vor und charakterisieren die entsprechenden Arbeiten als nur bedingt erfolgreich. Die Charakteristika von Promotionsprogrammen im Vergleich zur klassischen Einzelpromotion sind in der Tabelle 1 zusammen gefasst.

Tab. 1 Vergleich Einzelpromotion versus Promotionsprogramm

	Einzelpromotion	Promotionsprogramm
Anzahl der Betreuer	Einzelbetreuer (in der Regel)	Betreuungskomitees (TAC)
Auswahlverfahren	Durchgeführt vom Doktorvater in Übereinstimmung mit den in der Promotionsordnung festgelegten Voraussetzungen zur Promotion; Entscheidungskriterien für Außenstehende häufig nicht erkennbar und intransparent	Durchgeführt von Auswahlkomitees nach festgelegten Kriterien, die in der Regel in entsprechenden Ordnungen fixiert sind
Bewerbungskriterien	Festgelegt in der Promotionsordnung	Festgelegt in der Promotionsordnung
Curriculare Veranstaltungen, vertiefte wissenschaftliche Ausbildung	Vertiefte wissenschaftliche Ausbildung erfolgt in der Arbeitsgruppe; fächerübergreifende Veranstaltungen werden nur selten angeboten.	Zweistufig: (1) Breite wissenschaftliche, interdisziplinäre Ausbildung durch ein entsprechendes Curriculum, welches vom Promotionsprogramm angeboten wird (2) Vertiefte themenspezifische Ausbildung in sogenannten Research Training Groups
Dissertationszeitraum	Intransparent, manchmal ausschließlich abhängig vom Doktorvater/von der Doktormutter	In der Regel 3–4 Jahre; fixiert in den Richtlinien des Programms
Extracurriculare Veranstaltungen	Meist abhängig von der Eigeninitiative des Promovenden	Häufig breites Angebot ausgerichtet auf die Bedürfnisse des Promovenden und des Arbeitsmarktes
Finanzierung	Drittmittel, Haushalt	Drittmittel, Haushalt, Promotionsprogramm

Tab. 1 Vergleich Einzelpromotion versus Promotionsprogramm (Fortsetzung)

	Einzelpromotion	Promotionsprogramm
Leistungen, die zur Erlangung der Promotion erbracht werden müssen	Vorgaben durch den Doktorvater/die Doktormutter und die Promotionsordnung	Vorgaben durch das Programm und die Promotionsordnung. Die Leistungsanforderungen in einem strukturierten Programm sind in der Regel höher als bei einer Einzelpromotion
Notengebung	Häufig intransparent und nicht vergleichbar	Qualitätsstandards vorgegeben durch das Programm
Promotionsplanung/-dauer	Abhängig von einer Person, dem Erstbetreuer; daher Gefahr, unfokussiert oder unstrukturiert zu arbeiten	Mit Eintritt in das Programm ist den Promovenden der Ablauf der Promotionsphase einschließlich der maximalen Dauer bekannt

3.2 Charakteristika strukturierter Promotionsprogramme an Universitäten

Im folgenden Abschnitt werden die Charakteristika strukturierter Programme beschrieben. Für Verantwortliche solcher Programme ergeben sich daraus Hinweise für die Weiterentwicklung ihrer Programme. Für Promovenden ergeben sich Hinweise, auf was sie bei der Auswahl eines für sie geeigneten Programmes achten sollten.

3.2.1 Transparente Selektionskriterien

Um eine Promotion beginnen zu können, müssen die Kandidaten ein Bewerbungsverfahren durchlaufen. Die Leistungskriterien, die ein Kandidat zu erbringen hat, um für eine Promotion zugelassen zu werden, sind dabei sowohl für Einzelpromotionen als auch für Promotionen in strukturierten Programmen in entsprechenden Ordnungen festgelegt. Bei einer Einzelpromotion beschränkt sich dieses Verfahren in der Regel auf Gespräche zwischen dem Bewerber und dem zukünftigen Betreuer, wobei der Betreuer zukünftige Doktoranden vielfach aufgrund von fünf Kriterien zu einem Gespräch einlädt: (1) Kenne ich den Kandidaten aufgrund seiner Teilnahme an meinen Lehrveranstaltungen in einem Bachelor- oder Masterprogramm? (2) Wie ist die Abschlussnote des Masterstudiums? (3) Welches Thema wurde in der Masterarbeit bearbeitet und entstand daraus eine Publikation? (4) Welche Methoden wurden erlernt bzw. werden beherrscht? (5) Was ist die intrinsische Motivation des Bewerbers, um in meiner Arbeitsgruppe und zu diesem Thema zu promovieren?

Neben dem Betreuer kann es auch zu Gesprächen mit den anderen Mitgliedern der Arbeitsgruppe kommen, um ein entsprechendes Meinungsbild zum „Passen" des Kandidaten abzuklären. Die Entscheidung zur Aufnahme des Promotionsprojektes fällt ausschließlich der mögliche Betreuer, wobei aber immer die in der Promotionsordnung festgelegten Voraussetzungen erfüllt sein müssen. Häufig gibt es keine Betreuungsvereinbarung, der Zeitpunkt der Promotion – also der offizielle Beginn der Promotion mit Anmeldung im Promotionssekretariat – ist nicht definiert einhergehend mit einer möglichen Verlängerung der Promotionsphase gegen Ende der Promotion. Eine unabhängige Qualitätskontrolle mit transparenten Entscheidungswegen findet meist nicht statt.

Ganz anders verhält es sich bei strukturierten Promotionsprogrammen, insbesondere wenn sie an Promotionsstudiengänge gekoppelt sind. Für solche Programme gibt es Zulassungsordnungen, die das Bewerbungsverfahren genau regeln und damit auch Qualitätsstandards sichern.

Wesentliches Element der Kandidatenauswahl in strukturierten Promotionsprogrammen ist ein Auswahlverfahren. Dieses beginnt mit der Ausschreibung freier Promotionsstellen in nationalen oder internationalen Publikationsorganen. Meist handelt es sich um mehrere Stellen, die aus dem Promotionsprogramm oder durch andere externe Drittmittel gefördert werden. Dabei sind alle ausgeschriebenen Stellen (und damit die Promotionsprojekte) zuvor einer internen Qualitätskontrolle (Peer-Review-Verfahren) unterzogen worden. An diese Ausschreibung schließt sich das Bewerbungsverfahren und dann die Auswahl der geeigneten Kandidaten an.

Auswahlverfahren
Ausschreibung freier
Promotionsstellen

Solche Bewerbungsverfahren umfassen in der Regel mehrere der folgenden Eckpunkte, die in Stufen durchlaufen werden:

- Vorauswahl nach Abschlussnote des Studiengangs.
- Schriftliche Tests.
- Wissenschaftlicher Vortrag (fakultätsöffentlich oder vor einem Auswahlgremium) über das Masterprojekt mit anschließender Diskussion.
- Interviews mit mehreren Wissenschaftlern, im Idealfall auch mit solchen, die nicht an dem Kandidaten interessiert sind, um eine unabhängige Meinung über die Qualität des Doktoranden einzuholen.

Am Ende des Auswahlverfahrens wird dann die Eignung des Kandidaten für das Promotionsprogramm aufgrund der Betrachtung *aller* Kriterien getroffen. Durch die Einbindung zahlreicher Wissenschaftler wird eine mögliche Fehleinschätzung über die Qualität eines Bewerbers deutlich reduziert. Auch für den Bewerber ist diese Regelung von Vorteil, denn zum einen macht man sich unabhängig von dem Urteil eines Einzelnen und zum anderen ist die Umorientierung für ein anderes Promotionsprojekt im Laufe solcher Auswahltage im gewissen Rahmen möglich. Voraussetzung hierfür ist nur, dass mehrere Promotionsprojekte zur Auswahl stehen, für die die Bewerber ihr Interesse bekundet haben.

Schwierig ist bei ausländischen Bewerbern die Note als Einstiegskriterium in den Bewerbungsprozess. Hier gibt es im Vergleich zu Deutschland unterschiedliche Bewertungs- und Notenkriterien. Zudem werden insbesondere aus dem asiatischen und afrikanischen Raum (Indien, Pakistan, China) nicht alle Hochschulen als gleichwertig zu den deutschen Universitäten anerkannt. Um diesen Problemen entgegen zu treten, wird auf Beschluss der Kultusministerkonferenz zur Notenumrechnung die sogenannte „Modifizierte Bayerische Formel" verwendet (siehe hierzu auch Seite 36).

In diesem Zusammenhang ist wichtig zu wissen, dass ausländische Hochschulabschlüsse in Deutschland in der Regel nur dann anerkannt werden können, wenn sie an einer staatlichen oder staatlich anerkannten Institution erworben wurden. Zudem sind aus manchen Staaten für die Anerkennung in Deutschland Zusatzkriterien zu erfüllen. Diese Hochschulen und die entsprechenden Kriterien sind in der Datenbank anabin aufgelistet und können dort abgefragt werden (http://anabin.kmk.org/anabin-datenbank.html; Stand: 22.06.2014).

Sinnvoll ist an dieser Stelle die Frage, ob nicht weitere, gerechtere Kriterien für das Auswahlverfahren herangezogen werden könnten. In solchen Diskussionen taucht immer wieder der Vorschlag auf, Rotationspraktika der Promotionsphase vorwegzustellen. Diese Rotationspraktika, bei denen die Bewerber für einen definierten Zeitraum mehrere Labore durchlaufen, haben für beide Seiten Vorteile: Zum einen erlernt der Kandidat diverse Methoden, bevor er mit der eigentlichen Promotion beginnt, lernt mehrere mögliche Betreuer und deren Arbeitsgruppen im täglichen Umgang kennen und wird mit inhaltlich und methodisch verschiedenen Projekten konfrontiert, was ihm alles zusammen die Auswahl für ein spezifisches Promotionsprojekt und eine Arbeitsgruppe erleichtert. Der Betreuer lernt hingegen den Bewerber näher kennen, kann die methodischen und Arbeitsskills sowie das theoretische Wissen des Kandidaten besser einschätzen. Außerdem bekommt er Hinweise zur Integrierbarkeit des Kandidaten in die eigene Arbeitsgruppe. Allerdings gilt es vor Beginn einer solchen Rotationsphase einige offene Fragen für den zukünftigen Doktoranden zu klären: (1) Mittlerweile sind Rotationspraktika in vielen lebenswissenschaftlichen Masterstudiengängen integriert. Hier stellt sich die Frage, in wie weit Kandidaten aus der eigenen Universität solche Praktika nochmals durchlaufen müssen/sollten. Denn dies kostet Zeit, ohne weiteren Nutzen für den Kandidaten und Betreuer zu bringen. Zudem verschiebt sich dadurch die Zeit bis zum Abschluss der Promotion und dem daran anschließenden Eintritt in das Berufsleben. (2) Wie ist der Status des Bewerbers während der Rotationsphase? Gilt er noch als Studierender oder als Praktikant? Und wird er

Rotationspraktika: Bewerber durchlaufen für einen definierten Zeitraum mehrere Labore.

finanziert bzw. bekommt er während der Rotationsphase eine Art Gehalt, Stipendium oder Aufwandsentschädigung? Dieser Status hat einige Konsequenzen für den Doktoranden, so z. B. bei der Versicherungspflicht (Krankenkasse, Rentenversicherung).

3.2.2 Fachliches Mentoring: Die Betreuung des Doktoranden

Der Begriff „Mentor" stammt ursprünglich aus der griechischen Mythologie. Mit Teilnahme an dem Trojanischen Krieg übertrug Odysseus seinem Freund und Gefährten Mentor die Erziehung seines Sohnes Telemach. Mentor interpretierte seine Rolle nicht nur als Erzieher, sondern auch als väterlicher Freund, kluger Ratgeber und Beschützer. Unterstützt wurde dieses „Mentoring" durch die Göttin Pallas Athene, der Götting der Weisheit, der Strategie und des Kampfes, der Kunst, des Handwerks und der Handarbeit, die von Zeit zu Zeit die Gestalt Mentors annahm und damit dessen Rolle in Bezug zu Telemach übernahm (Stöger et al. 2009). Hieraus hat sich dann das Bild des Mentors als ein älterer, weiser und wohlwollender Berater für einen jungen Menschen entwickelt.

Am Prozess des „Mentoring" sind zwei Gruppen beteiligt: Der Mentor als der Berater und der Mentee als der zu Beratene. Es ist eine zeitlich befristete, stabile und auf Vertrauen aufgebaute Beziehung mit dem Ziel, die berufliche Entwicklung und das Vorankommen des Mentees zielgerichtet zu fördern. Im Falle der Doktorandenausbildung muss man zwei Mentoring-Ebenen unterscheiden, zwischen denen es aber vielfache Überschneidungen gibt: das wissenschaftliche Mentoring und das soziale Mentoring, was leider häufig bei ausländischen Promovenden zu kurz kommt.

Die Hauptaufgabe des wissenschaftlichen Mentors ist nicht nur, die wissenschaftliche Arbeit und Entwicklung des Promovenden zu begleiten und in regelmäßigen formlosen Treffen Ratschläge zur Weiterentwicklung des Projektes zu vermitteln, sondern vor allem auch, in Krisensituationen und bei der weiteren Karriereplanung als Ansprechpartner und – aufgrund der selbst gemachten Erfahrungen – als Ratgeber zur Verfügung zu stehen. Somit ist als erster Mentor auch der Doktorvater bzw. die Doktormutter zu verstehen. Allerdings beinhaltet dieses Betreuungsverhältnis bei neutraler Betrachtungsweise ein gewisses Konfliktpotenzial, insbesondere dann, wenn das Forschungsprojekt nicht den gewünschten Output in Form von Publikationen erbringt oder die Ergebnisse den ursprünglichen Hypothesen und Forschungsansätzen des Institutes widersprechen. Diesem Konfliktpotenzial versucht man in innovativen strukturierten Programmen, wie schon ausgeführt, durch den Einsatz von Betreuungsteams entgegen zu wirken. Sinnvoll ist hier die Einbeziehung eines externen, möglicherweise sogar eines ausländischen Betreuers in das TAC. Hierdurch wird man nicht nur dem politischen Ruf nach Steigerung der Internationalität bei der Promovendenausbildung gerecht, sondern die Betei-

Am Prozess des „Mentoring" sind zwei Gruppen beteiligt: Der Mentor als der Berater und der Mentee als der zu Beratene.

Wissenschaftliches Mentoring

ligung hat einige weitere offensichtliche wissenschaftliche und karriereförderne Vorteile. Dazu zählt zunächst die Qualitätssteigerung der wissenschaftlichen Arbeit, da der externe Betreuer häufig eigene Ideen aus einer anderen Perspektive und ein vergrößertes Methodenspektrum in das Projekt einbringt und zusätzlich meist unvoreingenommen und objektiver an die Fragestellungen herangeht. Besuche des Doktoranden beim externen Betreuer sollten z. B. nicht nur dazu genutzt werden, um die Arbeit kritisch zu diskutieren, sondern auch, um das erlernte Methodenspektrum sinnvoll zu erweitern. Zudem ist die Beteiligung eines externen Betreuers im TAC ein wichtiges Instrument der Qualitätskontrolle nicht nur während der Phase der praktischen Arbeit, sondern insbesondere auch beim Erstellen der schriftlichen Arbeit. Mittelfristig können sich aus solchen Betreuungsverhältnissen wissenschaftliche Kooperationen der beteiligten Institute mit entsprechenden Kooperationsprojekten ergeben. Vorgelebt werden diese intensiven Beziehungen in den „Joint-PhD-Programmen" zwischen zwei oder mehreren internationalen Partnern, die heute in steigender Zahl aufgelegt werden und einen extrem positiven Einfluss auf die wissenschaftliche und persönliche Entwicklung der Promovenden haben.

Konflikte zwischen dem Doktorvater/der Doktormutter und dem Promovenden können durch einen zusätzlichen, externen Betreuer zwar nicht verhindert werden, jedoch wird dem Doktoranden hier eine Anlaufstation geboten, wo diese Konflikte diskutiert und Lösungsvorschläge erarbeitet werden können. Außerdem wird die Integration des Nachwuchswissenschaftlers in die wissenschaftliche Gemeinschaft durch die Beteiligung eines externen Betreuers stärker gefördert. Hierdurch wird dem Promovenden die Möglichkeit gegeben, sein eigenes wissenschaftliches Netzwerk aufzubauen, was für seine zukünftige Karriere förderlich ist.

Die Etablierung von Betreuungskomitees in strukturierten Promotionsprogrammen entstand dadurch, dass man die starke Abhängigkeit des Promovenden vom Erstbetreuer als sehr problematisch erachtete. Diese Abhängigkeit ist nicht nur finanzieller, sondern auch intellektueller Natur, wobei beide Punkte eng miteinander verflochten sind. Auch heute noch sind die Promotionsstellen am häufigsten Drittmittelstellen, die der Betreuer eingeworben hat, oder Haushaltsstellen des betreffenden Institutsdirektors. Nur die wenigsten Stellen werden von den strukturierten Programmen zur Verfügung gestellt. Aufgrund der kurzen Vertragslaufzeiten besteht hier durchaus die Möglichkeit, dass der Betreuer auf den Doktoranden Druck ausübt, insbesondere dann, wenn die erbrachten Ergebnisse den Ursprungshypothesen widersprechen oder wenn bestimmte Experimente technisch nicht funktionieren. Neben dem finanziellen Druck haben die Doktoranden dann gleichzeitig Angst, ihrem Erstbetreuer zu widersprechen, da er vielfach auch der Erstgutachter der Arbeit ist und sie somit eine schlechtere Note befürchten.

Betreuungskomitees

Neben diesem fachlichen Mentoring durch den eigentlichen Betreuer und/oder durch die Betreuungskomitees gibt es innerhalb einer Universität noch weitere Zuständigkeiten, die letztlich für gute fachliche Betreuung, die Ausbildung der Doktoranden und die hierfür nötige Infrastrukturen und Einhaltung der gesetzlichen Vorgaben wichtig sind. Dazu gehören die Graduiertenschulen und Graduiertenkollegs sowie die Fakultäten bzw. die Universität, welche die Verantwortung für Qualitätsstandards auch im fachlichen Bereich tragen. Diese Verantwortlichkeiten sind in entsprechenden Ordnungen und Gesetzen festgelegt. Im Landeshochschulgesetzt Baden-Württemberg heißt es z. B. in § 38, Absatz 2: „Die Hochschulen sollen für ihre Doktorandinnen und Doktoranden forschungsorientierte Studien anbieten und ihnen den Erwerb von akademischen Schlüsselqualifikationen ermöglichen. Darüber hinaus sollen die Hochschulen zur Heranbildung des wissenschaftlichen und künstlerischen Nachwuchses im Rahmen ihrer Forschungsförderung gesonderte Promotionsstudiengänge (Doktorandenkollegs) einrichten, deren Ausbildungsziel die Qualifikation für Wissenschaft und Forschung ist ...“

3.2.3 Soziales Mentoring

Soziales Mentoring

Neben diesem rein fachlichen Mentoring spielt das soziale Mentoring eine entscheidende Rolle, insbesondere bei ausländischen Studierenden, die sich in der Kultur des Gastlandes erst einmal – häufig bei mangelnden Sprachkenntnissen – zurechtfinden müssen. Zwar kommt diese Funktion auch dem klassischen Erstbetreuer zu, doch ist hier eine Trennung durchaus sinnvoll, um eine Vertrauensperson außerhalb des Labors zu haben.

Soziales Mentoring umfasst viele Ebenen und Sparten des täglichen Lebens. Es beginnt mit der Hilfe bei Visa-Anträgen, Aufenthaltsgenehmigungen für Ausländer und der Einschreibung als Studierende an der Universität, hilft bei der Wohnungssuche und den benötigten Behördengängen, beinhaltet – zumindest für uns – so einfache Dinge wie der Einrichtung eines Bankkontos, Umgang mit Bankautomaten und endet mit Hilfestellung bei der Lösung von Konfliktsituationen mit Erstbetreuern oder Labormitgliedern. Sie sind ein wichtiges Instrument bei der Integration (ausländischer) Studierender und somit für den Erfolg einer Promotion von großer Bedeutung.

Die Internationale Graduiertenschule in Molekularer Medizin in Ulm hat für das soziale Mentoring ein spezielles Programm mit Modellcharakter aufgelegt, das unabhängig von Mitgliedern der Universität ist. Dieses Programm M4M (= Mentorship for Molecular Medicine PhD Students, siehe http://www.uni-ulm.de/einrichtungen/mm/offers/m4m.html; Stand: 22.06.2014) lebt vom Engagement älterer Mitbürger aus der Region Ulm, die sich intensiv um neue Studierende des Promotionsprogramms kümmern. Einzige Voraussetzung, um als Mentor in dieses Programm aufgenommen zu werden, sind grundlegende Englischkenntnisse, da viele der ausländischen Studierenden keine deutschen Sprachkenntnisse besitzen. Der Kontakt zwischen Mentor und Mentee wird häufig schon per E-Mail vor Eintreffen der Promotionsstudierenden in Deutschland geknüpft, so dass grundlegende Dinge wie Abholung vom Flughafen und Transfer zum neuen Wohnort vielfach schon geklärt sind, bevor die Kandidaten eintreffen. Neben diesen rein praktischen Erwägungen dient M4M aber auch dazu, Kontakte zwischen den Studierenden aus unterschiedlichen Ursprungsländern und Kulturkreisen zu knüpfen und zu intensivieren und sie mit der deutschen Geschichte und Kultur vertraut zu machen. So werden z. B. gemeinsame Reisen zu interessanten kulturellen Orten oder entsprechende Themenabende organisiert. Im Gegenzug veranstalten die Studierenden ihrerseits Themenabende wie „Indien" oder „China", um den Mentoren und anderen Studierenden die Historie des eigenen Ursprungslandes nahezubringen. Dieser, man kann schon sagen freundschaftliche Kontakt, besteht oft auch noch Jahre, nachdem die Studierenden mit einem Abschluss in ihr Heimatland zurückgekehrt sind. Alle Mentoren arbeiten ehrenamtlich und die anfallenden Kosten für das Programm (z. B. Reisen, Eintrittspreise) werden von der Graduiertenschule übernommen.

Zusammenfassend lässt sich festhalten, dass verschiedene Personen und Institutionen für ein optimales Mentoring der Kandidaten sowohl in fachlicher als auch in sozialer Hinsicht verantwortlich sind. Diese eindeutigen Zuständigkeiten und dessen Wahrnehmung sind ein klares Qualitätskriterium für strukturierte Promotionsprogramme. Schließlich hat ein exzellentes Mentoring großen Einfluss auf den positiven Verlauf einer Promotion.

3.2.4 Mobilitätsprogramme

Jedes gute und strukturierte Promotionsprogramm verfügt heute über ein Mobilitätsprogramm, das mit ausreichend Mitteln ausgestattet ist. Es ist daher sinnvoll, bei einer Bewerbung auf ein Promotionsprogramm, die Existenz eines Mobilitätsprogrammes, die Bedingungen für eine Teilnahme und die Höhe der möglichen Förderung bei den Programmverantwortlichen und/oder dem Betreuer zu hinterfragen. Das Mobilitätsprogramm sollte zumindest die Teilnahme an einem internationalen Kongress erlauben, wünschenswert wären jedoch mehr Mittel.

Was ist das Ziel eines Mobilitätsprogramms? Übergeordnetes Ziel ist die Integration der Doktoranden in die internationale wissenschaftliche Gemeinschaft, die im wissenschaftlichen Sprachgebrauch als „Scientific Community" bezeichnet wird. Neben den weiter vorne beschriebenen ausländischen Betreuern in den Thesis Advisory Committees zählt hierzu vor allem auch die Möglichkeit, an wissenschaftlichen Kongressen im In- und Ausland teilzunehmen, hier seine Daten

Ziel eines Mobilitätsprogramms: Integration der Doktoranden in die internationale wissenschaftliche Gemeinschaft.

vorzustellen und mit internationalen Kollegen zu diskutieren. Dies setzt eine aktive Teilnahme an den Kongressen voraus. Folgerichtig erwarten viele Programme auch die Präsentation eines Posters oder eines Vortrags auf dem Meeting, falls die Teilnahme finanziell unterstützt werden soll.

Ein Mobilitätsprogramm sollte aber weitaus mehr abdecken als nur die Beteiligung an Kongressen. Es sollte z. B. ermöglichen, dass externe Betreuer regelmäßig besucht werden können, oder dass innovative Methoden oder Methoden, die für die Promotionsarbeit benötigt werden, aber nicht im Heimatlabor vorhanden sind, in einem anderen Labor erlernt werden können. Wichtig ist auch, dass Mittel zur Verfügung gestellt werden, damit die Promovenden Kurse und Seminare zum Erlernen von Schlüsselkompetenzen besuchen können. Die Bedeutung dieser Veranstaltungen darf man nicht unterschätzen. Sie erleichtern häufig den Einstieg in die wissenschaftliche Laufbahn sowohl in öffentlichen Forschungseinrichtungen als auch in die Industrie. Vielfach werden diese Kurse vor Ort durch entsprechende universitäre Einrichtungen wie Sprachenzentren oder externe Referenten angeboten. Dennoch gibt es einige Angebote, die aus verschiedensten Gründen nicht von der Heimatuniversität angeboten werden (können). Dazu zählen z. B. Kurse zur Sicherheit in der Gentechnik, wenn sie für ausländische Teilnehmer des Promotionsprogramms in englischer Sprache angeboten werden müssen.

Ein Sonderfall, den einige Promotionsprogramme anbieten, sind die sogenannten Joint-PhD-Programme. Hierbei handelt es sich um Programme, die von zwei oder mehr Standorten, in der Regel einem deutschen und mindestens einem ausländischen, angeboten werden und bei denen der Absolvent nach erfolgreicher Disputation eine gemeinsame Promotionsurkunde und einen gemeinsamen Titel der beteiligten Partner erhält. Die Ziele und Vorteile eines solchen Programms, das z. B. von der Deutschen Forschungsgemeinschaft unter dem Markennamen „Internationale Graduiertenkollegs" angeboten wird, sind vor allem (1) Promotionen auf hohem internationalen Niveau, (2) der Aufbau von nachhaltigen internationalen Kooperationen, (3) die Etablierung gemeinsamer Forschungsprojekte und (4) die Akquirierung von Drittmitteln. Bei diesen Joint-PhD-Programmen unterscheidet man zwischen dem Heimatlabor/der Heimatuniversität, aus der/dem der Doktorand ursprünglich stammt, und dem Gastlabor/der Gastuniversität, in dem/der der Doktorand eine gewisse Zeit verbringen muss und Experimente durchführt. Die Länge des Aufenthalts im Gastlabor variiert von Programm zu Programm. Es hat sich aus Effektivitätsgründen herauskristallisiert, dass dieser Zeitraum mindestens sechs Monate betragen sollte, die in Abhängigkeit der geplanten Experimente entweder am Stück oder in mehreren Abschnitten genommen werden können. Diese Aufenthaltslänge stimmt mit den Vorgaben der Deutschen Forschungsge-

Besuch externer Betreuer

Joint-PhD-Programme: Programme, die von zwei oder mehr Standorten mit dem Ziel angeboten werden einen gemeinsamen Doktorgrad zu erwerben.

Ziele und Vorteile

meinschaft hinsichtlich der Förderung Internationaler Graduiertenkollegs überein.

Der Betrieb eines Joint-PhD-Programms ist mit nicht unerheblichen Kosten verbunden. Dabei zahlt meist die Heimatuniversität oder
Graduiertenschule die Reisekosten zum Gastlabor, eine Pauschale für
die Verpflegung und ggfs. die Unterbringungskosten im Rahmen der
Landesreisekostengesetze, wobei diese in vielen Fällen auch von der
Gastuniversität übernommen werden. Die Kosten für die Experimente
trägt das Gastlabor. Solche „Bench-Fees" werden in der Regel nicht
von Graduiertenschulen übernommen. Da diese PhD-Programme in
der Größenordnung von mindestens acht Doktoranden betrieben
werden, muss das Mobilitätsprogramm der Gasteinrichtung über entsprechende finanzielle Ressourcen verfügen, um erfolgreich zu sein.

3.2.5 Internationalisierung, Networking

Eine wissenschaftliche Karriere steht und fällt mit dem internationalen Networking des Forschers. Komplexe Forschungsthemen können
nur noch in enger und vertrauensvoller Zusammenarbeit zügig und
erfolgreich bearbeitet werden. Dies liegt zum einen an der experimentellen Expertise, die von Kooperationspartnern zur Verfügung gestellt
wird, zum anderen aber auch an bestimmten Materialien wie Maus-
stämme, Zelllinien, Gewebeproben oder anderen biologischen Materialien, die für die Untersuchungen benötigt werden. Aufgrund des
hohen Konkurrenzdrucks und dem leider vorhandenen Zwang des
schnellen Publizierens der Ergebnisse in den Biowissenschaften ist
der frühzeitige Aufbau eines internationalen Netzwerks von großer
Bedeutung. Zwar wird der Doktorand in seiner Anfangszeit stark von
den Kontakten der Betreuer profitieren, doch ist es aus den eben
geschilderten Gründen äußerst sinnvoll, frühzeitig damit zu beginnen, ein eigenes Netzwerk aufzubauen. Ausgangspunkte hierfür werden durch die strukturierten Programme zur Verfügung gestellt. Es
handelt sich um die Betreuungsteams (TACs), bei denen zumindest
ein Wissenschaftler nicht aus der Heimatuniversität stammt, und um
das weiter oben beschriebene Mobilitätsprogramm. Weitere wichtige
Bausteine sind eine aktive Beteiligung an Kongressen, Workshops und
Retreats sowie die Einladung von Gastprofessoren, Gastwissenschaftlern und Gastsprechern. Alle guten strukturierten Promotionsprogramme sollten über ein solches Programm mit ausreichend finanziellen Mitteln ausgestattet sein, das es den Promovenden erlaubt, eigenverantwortlich Gastsprecher einzuladen. Wie schon mehrfach
angesprochen, führen Vorträge auswärtiger Referenten einerseits
dazu, dass die thematische Ausbildung der Promovenden auf eine
breitere Basis gestellt wird und andererseits die Promovenden in Kontakt mit hochrangigen Wissenschaftlern kommen, die sowohl für die
Weiterentwicklung des eigenen Projektes als auch für die weitere Karriereentwicklung von Vorteil sein können.

Aktive Beteiligung an Kongressen, Work-shops und Retreats

Einladung von Gast-professoren, Gast-wissenschaftlern und Gastsprechern

Gastredner/-professoren: Internationalisierung einer Einrichtung und Netzwerkbildung

Gastredner: Referenten, die wissenschaftlichen Vortrag halten und Projekte diskutieren

Gastprofessoren: haben professoralen oder vergleichbaren Status an Heimatuniversität

Gastwissenschaftler haben keinen professoralen Status an Heimatuniversität

Gastredner und Gastprofessoren tragen im erheblichen Maße zur Internationalisierung einer Einrichtung und der Netzwerkbildung bei. Gastredner sind in der Regel Referenten, die ausschließlich zum Halten eines wissenschaftlichen Vortrages und zur Diskussion von Projekten für ein oder zwei Tage eingeladen werden. Gastprofessoren besitzen, wie der Name schon sagt, dagegen den Status eines Professors. Sie erhalten eine entsprechende Urkunde von der Gastuniversität, die den Gastprofessorenstatus belegt, sowie eine festgelegte Vergütung. Als Gastprofessoren können nur diejenigen berufen werden, die einen professoralen oder vergleichbaren Status an ihrer Heimatuniversität haben.

Der Gastwissenschaftler hat keinen professoralen Status an seiner Heimatuniversität und kann daher von der Gastuniversität auch nicht als Gastprofessor berufen werden. Um dennoch auch mit diesen Forschern einen Austausch zu ermöglichen, wurde der Status des Gastwissenschaftlers eingeführt. Aufenthaltsdauer und -intention der Gastprofessoren oder Gastwissenschaftler sind zum Teil andere als bei einem Gastsprecher. Sie bleiben deutlich länger vor Ort (in der Regel 8–10 Tage), geben mehrere Vorträge, halten eine oder mehrere Vorlesung für die Studierenden. Sie führen intensive Kooperationsgespräche nicht selten mit dem Ziel, gemeinsam Drittmittel einzuwerben oder gemeinsam zu publizieren. Der Gastprofessor kann zudem u. U. eine Arbeitsgruppe in dem Gastlabor zu einem gemeinsamen Forschungsthema etablieren. Von diesen Gastprofessoren und Gastwissenschaftlern profitieren also nicht nur die Studierenden und Wissenschaftler einer Universität, sondern im Besonderen auch das gastgebende Institut oder die gastgebende Einrichtung wie auch der Gast selber.

Während Gastredner von Promovenden eigenständig und eigenverantwortlich eingeladen werden können und es viele Promotionsprogramme gibt, wo dies aktiv gefördert und über sogenannte Doktorandenkomitees organisiert wird, ist bei der Einladung von Gastwissenschaftlern und Gastprofessoren die Einbindung der Betreuer zwingend notwendig. Einerseits verlaufen solche Gastaufenthalte meistens über die engen Kontakte bzw. Kooperationen der Arbeitsgruppenleiter und andererseits müssen die Gremien der Universitäten wie die entsprechende Fakultät, der Senat und das Präsidium bzw. Rektorat eingebunden werden. Auf der anderen Seite ist eine Einbindung von Doktoranden in diese Verfahren sehr lehrreich, damit sie die Gremien-, Verwaltungs- und Entscheidungswege in den Universitäten kennenlernen können. Auf der anderen Seite ist es für sie auch sehr hilfreich, wenn die weitere Karriereplanung auf eine Laufbahn in einer Hochschule ausgerichtet ist.

3.2.6 Konfliktmanagement

Trotz aller Bemühungen um eine optimale Betreuung und eine zielgerichtete Durchführung des Promotionsvorhabens, kann es zu Konfliktfällen zwischen Betreuern und Doktoranden, Doktoranden und der Leitung des Promotionsprogrammes oder zwischen Betreuern und dem Promotionsprogramm kommen. Für diese Fälle empfiehlt sich ein transparentes Konfliktmanagement. Dieses sollte verschiedene Elemente beinhalten. So ist die Etablierung einer Ombudsperson sehr hilfreich, die als Mediator zwischen Promovenden und Betreuer/Betreuungsteam dient. Diese Person sollte im jeweiligen Einzelfall nicht aktiv in das Promotionsverhältnis involviert sein, um als unabhängige und außenstehende Instanz gelten und moderieren zu können. Dies kann bedeuten, dass ggfs. mehrere Ombudspersonen benannt werden müssen. Völlig unabhängig davon zu sehen ist die Ombudsperson der Universität, die für die Fälle wissenschaftlichen Fehlverhaltens in einer Universität benannt worden ist und die sich mit Fällen vermutlichen wissenschaftlichen Fehlverhaltens beschäftigt (siehe Kapitel 9). Für die Bereinigung von Konfliktfällen zwischen den anderen beteiligten Parteien in einem Promotionsprogramm (Leitung des Promotionsprogramms/Promotionssekretariat/Betreuer) sollte die Möglichkeit für regelmäßige Gespräche beispielsweise in einer Vollversammlung gegeben werden. Außerdem sollte darauf geachtet werden, dass wichtige Entscheidungen das Promotionsprogramm betreffend durch den entsprechenden Promotionsausschuss bzw. die Leitung der Graduiertenschule in einem Gremienbeschluss nach ausreichender Diskussion gefasst und transparent allen Beteiligten mitgeteilt wird. In diese Diskussion sind die unterschiedlichen Belange aller Beteiligten mit zu diskutieren und ggf. zu berücksichtigen.

Transparentes Konfliktmanagement

Ombudsperson

3.2.7 Transparente Notengebung

Für die Bewertung der Dissertation und der Promotion gibt es unterschiedliche Notensysteme. In Deutschland hat sich ein Fünf-Noten-Standard etabliert: Summa cum laude (mit Auszeichnung), Magna cum laude (sehr gut), Cum laude (gut), Rite (genügend) und Non sufficit (nicht bestanden). Dem gegenüber steht z. B. das System in vielen englischsprachigen Ländern (USA, England, Australien), in denen für die Dissertation keine Noten vergeben werden. Eine der dafür gegebenen Begründungen lautet, dass die Güte der Promotion objektiv durch die daraus hervorgegangenen Veröffentlichungen in wissenschaftlichen Fachzeitschriften und dem damit einhergehenden unabhängigen Begutachtungssystem resultiere.

Fünf-Noten-Standard: Summa cum laude (mit Auszeichnung), Magna cum laude (sehr gut), Cum laude (gut), Rite (genügend) und Non sufficit (nicht bestanden)

Neben einer transparenten Auswahl von Doktoranden ist somit eine transparente Notenvergabe am Ende des Promotionsverfahrens von entscheidender Bedeutung. An dieser Stelle müssen Leistungsunterschiede zwischen den Doktoranden sichtbar gemacht werden. Dies betrifft insbesondere die Verleihung der Bewertung „summa cum laude", um einerseits herausragende Promotionen sichtbar zu machen, andererseits aber auch, um dieses Prädikat nicht leichtfertig zu vergeben. Andererseits sollten weniger erfolgreiche Promotionen auch als solche kenntlich gemacht werden, beispielsweise durch eine Abstufung der Benotung innerhalb einer Benotungsstufe oder durch die Verwendung einer schlechteren Benotungsstufe (z. B. cum laude oder rite). Hier hat es sich als sinnvoll erwiesen, für die Vergabe bestimmter Noten Notenstandards zu definieren. Es hat sich herausgestellt, dass eine Verengung der Notenskala in Abhängigkeit vom Publikationserfolg insbesondere eine Impactfaktorregelung als nicht zielführend angesehen wurde. Eine solche Kopplung an Publikationen und Impactfaktoren ermöglicht nicht, bisher unveröffentlichte Datensätze in Promotionen ausreichend zu würdigen. Insbesondere die Verleihung des Prädikats „summa cum laude" wird immer darauf begründet werden müssen, dass ein Promovend einen herausragenden eigenen intellektuellen Beitrag zur Entstehung einer Publikation geleistet hat. Ohne eine entsprechende Würdigung im Promotionsgutachten wird dies nur schwer möglich sein. Damit kommt dem Betreuungsteam, welches den Doktoranden in den vergangenen Jahren intensiv betreut hat, eine besondere Rolle bei der Verleihung des Summa-Prädikats zu.

Notenstandards definieren

3.2.8 Qualitätsmanagement in Promotionsprogrammen

Aktives Qualitätsmanagement nach dem Demingkreis

Aktives Qualitätsmanagement nach dem Demingkreis (siehe Seite 109) ist ein zentrales Element zur Verbesserung von Promotionsprogrammen. Dies beinhaltet mehrere Maßnahmen, die in entsprechenden zeitlichen Abständen regelmäßig durchgeführt werden müssen.

Schlüsselelement: Evaluation aller Programmbausteine durch die Doktoranden und durch die beteiligten Betreuer

Ein Schlüsselelement ist die Evaluation aller Programmbausteine einerseits durch die Doktoranden und andererseits durch die beteiligten Betreuer. Beide Evaluationen sollten unabhängig voneinander durchgeführt werden. Durch solche Evaluationen können gute oder ggfs. fehlende Ausbildungsangebote identifiziert werden und schlechte im Rahmen eines Feedbacks optimiert werden. Eventuell müssen nicht erfolgreiche Veranstaltungen aus dem Programm eliminiert werden, die trotz inhaltlicher und personeller Verbesserungsbestrebungen nicht verbessert werden können. Im Rahmen einer solchen Evaluation kann auch die allgemeine Zufriedenheit der Doktoranden mit dem Promotionsprogramm und der Betreuung hinterfragt und aufgrund des Ergebnisses notwendige Optimierungsschritte eingeleitet werden. Um einer Evaluationsmüdigkeit vorzubeugen, macht es wenig Sinn, groß angelegte schriftliche Evaluationen in zu kurzen Abständen durchzuführen. Die Erfahrungen zeigen, dass hier ein zweijähriger Rhythmus durchaus ausreichend und akzeptabel ist.

Schlüsselelement: Vollversammlungen

Ein zweites wichtiges Schlüsselelement sind Vollversammlungen. Diese sollten einerseits Treffen der Promovenden und andererseits Treffen der Betreuer umfassen. Diese Vollversammlungen sollten regelmäßig in kürzeren Abständen z. B. ein- oder zweimal jährlich und bei Bedarf häufiger stattfinden. Um den Druck der Betreuer auf die Doktoranden zu verringern, sollte die studentische Vollversammlung ohne die Beteiligung der Betreuer durchgeführt werden. Hier empfiehlt es sich auch, dass die Promovenden spezifische Punkte sammeln, die später in einer gemeinsamen Sitzung thematisiert werden. Es hat sich als optimal für die Durchführung dieser Vollversammlungen herauskristallisiert, wenn zunächst die studentische Vollversammlung durchgeführt wird, deren Ergebnisse anschließend in der Betreuervollversammlung besprochen werden. Die Ergebnisse der Betreuervollversammlung können dann auf anderem Wege den Studierenden transparent kommuniziert werden.

Als drittes Element sollten regelmäßige Treffen (z. B. einmal im Semester, bei Bedarf häufiger) der Promovendensprecher mit der Leitungsebene des strukturierten Programms vereinbart sein. Hier besteht die Möglichkeit für die Studierenden, kurzfristig Feedback zu geben. So können Probleme schnell und ohne viel bürokratischen Aufwand gelöst werden. Die Studierendenvertreter sollten auch Mitglied in den akademischen Gremien sein, die das strukturierte Programm leiten (z. B. Prüfungsausschuss, Promotionsausschuss). Auch hierdurch wird eine optimale Kommunikation zwischen den Studierenden einerseits und den Betreuern und Leitern des Programms andererseits gesichert.

Neben der Evaluation der Veranstaltung durch Doktoranden und Betreuer empfiehlt sich auch ein regelmäßiges numerisches Monitoring. Dies ist nicht nur für den internen Gebrauch und damit der Verbesserung des Programms, sondern auch unter dem Gesichtspunkt der Berichte nötig, die regelmäßig von den Drittmittelgebern z. B. im Zuge der Antragstellung von Verlängerungsanträgen und Abschlussberichten gefordert werden. Obwohl je nach Förderer unterschiedliche Daten abgefragt werden können, umfassen sie doch in der Regel folgende quantitative Parameter: die durchschnittliche Promotionsdauer, die Abbrecherquote, die Herkunft der Promovenden, Gender-Aspekte, der Verbleib der Promovenden (Alumni), die durchschnittliche Anzahl von Publikationen, Art der Stellenfinanzierung, Kooperationen etc. Das regelmäßig durchgeführte Monitoring erlaubt damit auch eine Verlaufskontrolle der eigenen Aktivitäten. Längerfristige Trends werden so sichtbar und können durch aktives Einwirken je nach Notwendigkeit entweder verstärkt oder zurückgedrängt werden. Die Erfassung solcher Informationen in einer regelmäßig aktualisierten Datenbank erlaubt darüber hinaus die einfache und zügige Erstellung von (Rechenschafts-)Berichten für die Universitätsleitung, das Landesministerium und die Förderorganisationen.

Schlüsselelement: regelmäßige Treffen der Promovendensprecher mit der Leitungsebene des strukturierten Programms

3.3 Promotionsprogramme in Deutschland

Nach Angaben des Deutschen Akademischen Austausch Dienstes (DAAD) gibt es in Deutschland derzeitig etwa 700 strukturierte Promotionsprogramme mit steigender Tendenz (https://www.daad.de/deutschland/promotion/de/; Stand: 15.07.2014) Diese Zahl bezieht sich auf alle Fachbereiche. Die genaue Anzahl strukturierter Promotionsprogramme im Bereich der Lebenswissenschaften ist unbekannt, da zahlreiche Förderinstitutionen und auch Universitäten mittlerweile solche Programme in großer Vielfalt anbieten. So listet die Deutsche Forschungsgemeinschaft alleine 56 Graduiertenkollegs einschließlich internationaler Graduiertenkollegs aus dem Gebiet der Lebenswissenschaften auf (http://www.dfg.de/foerderung/programme/listen/index.jsp?id=GRK; Stand: 01.04. 2014). Die Graduiertenkollegs der Deutschen Forschungsgemeinschaft gelten als einer der Vorreiter der strukturierten Doktorandenausbildung in Deutschland. Im Bereich der Graduiertenschulen, die von der Exzellenzinitiative des Bundes und der Länder gefördert werden, kommen von insgesamt 45 Graduiertenschulen 12 aus dem Bereich der Lebenswissenschaften (http://www.dfg.de/foerderung/programme/listen/index.jsp?id=GSC; Stand: 01.04.2014). Auch die deutschen außeruniversitären Forschungseinrichtungen wie die Max Planck Gesellschaft bieten eine große Anzahl an strukturierten Promotionsprogrammen. Beispielhaft erwähnt seien hier die etwa 26 International Max Planck Research Schools (http://www.mpg.de/de/imprs; Stand: 01.04.2014) und die insgesamt 15 Helmholtz-Kollegs und Helmholtz-Graduiertenschulen (http://www.helmholtz.de/jobs_talente/doktorandenfoerderung/; Stand: 01.04.2014).

Genaue Anzahl strukturierter Promotionsprogramme im Bereich der Lebenswissenschaften unbekannt

Prinzipiell muss man unterscheiden zwischen Programmen, die von Fakultäten oder Universitäten mit internen Geldern aus dem Zuführungsbetrag der Länder für Forschung und Lehre aufgelegt werden, und Programmen, die extern gefördert werden. Zu den extern geförderten Programmen gehören z. B. die Graduiertenkollegs der DFG und die Graduiertenschulen der Exzellenzinitiative. Diese Programme unterliegen externen Qualitätskriterien und -standards, die durch entsprechende meist internationale Gutachtergremien vor einer Förderung überprüft werden. Werden die Anforderungen nicht erfüllt, erfolgt auch keine Förderung. Zu den Qualitätskriterien in diesen extern geförderten Programmen zählen zuerst die wissenschaftliche Exzellenz der beteiligten Betreuer, die Qualität der vorgeschlagenen Projekte und das wissenschaftliche Gesamtkonzept, dass in sich stimmig sein und vielfach auch in die Forschungslandschaft der beantragenden Einrichtung passen muss. Hinzu kommen strukturelle Gesichtspunkte wie Qualität des strukturierten Ausbildungsprogramms einschließlich des Angebots an Soft Skill Kursen, das Auswahlverfahren und die Selektionskriterien für potenzielle Doktoran-

Extern geförderte Programme

den, Mobilitäts- und Mentorateprogramme sowie die Infrastruktur der beteiligten Institute und ggfs. des Fachbereichs.

Im Gegensatz zu den extern geförderten Promotionsprogrammen sind die aus Fakultätsgeldern finanzierten Programme häufig finanziell nicht so gut ausgestattet. Häufig gibt es nur ein Basisbudget, mit dem eine begrenzte Anzahl von Promotionsstellen bzw. Promotionsstipendien finanziert werden kann. Reisekosten müssen zumeist von den beteiligten Instituten finanziert werden. Zudem gibt es oft auch keine Gelder für ein Curriculum zum Erwerb von Schlüsselkompetenzen. Auch müssen Seminarreihen intern organisiert werden. Trotz dieser schlechteren finanziellen Ausgangslage haben solche internen Programme durchaus ihre Berechtigung. Zum einen können sie als Grundlage für den Aufbau eines später extern zu fördernden Graduiertenkollegs dienen. Die Ansprüche der Drittmittelgeber sind heute vielfach so hoch, dass eine Chance auf Förderung nur dann besteht, wenn man bereits funktionierende Strukturen und eine wissenschaftliche Zusammenarbeit der beteiligten Wissenschaftler nachweisen kann. Zum anderen dienen diese Programme dazu, von der Fakultätsleitung erkannte Schwachstellen in der Doktorandenausbildung auszumerzen. Ein gutes Beispiel hierfür ist das Promotionsprogramm Experimentelle Medizin an der Medizinischen Fakultät der Universität Ulm (http://www.uni-ulm.de/einrichtungen/mm/expmedizin. html; Stand: 15.07.2014), das Programm StrucMed der Medizinischen Hochschule Hannover (http://www.mh-hannover.de/3707. html; Stand: 15.07.2014) oder das Programm Translationale Medizin der Fakultät für Medizin der Technischen Universität München (https://www.meditum.de/index.php?option=com_content&view=article&id=4197:promotionsprogramm-translationale-medizin&catid=532:translationale-medizin&Itemid=652&lang=en; Stand: 15.07.2014). Diese Programme sind speziell aufgelegt worden, um das Manko der medizinischen „pro forma Forschung" (siehe Seite 18) zu beheben.

Aus Fakultätsgeldern finanzierte Programme

Promotionsprogramme für Studierende der Medizin

3.4 Fast-Track-Programme

Fast-Track-Programme sind etabliert worden, um die Promotionsphase besonders qualifizierter Studierender zu verkürzen. Für die Fast-Track-Programme gibt es zwei unterschiedliche Modelle: (1) eine Promotion unmittelbar am Anschluss eines Bachelorstudiums und (2) eine Kopplung von Master- und Promotionsprogramm (die sog. Master/PhD-Programme).

3.4.1 Promotion unmittelbar nach einem Bachelorstudium

Fast-Track-Promotion Laut Beschluss der Kultusministerkonferenz (Ländergemeinsame Strukturvorgaben für die Akkreditierung von Bachelor- und Masterstudiengängen, Beschluss der Kultusministerkonferenz vom 10.10.2003 i. d. F. vom 04.02.2010) sollen besonders qualifizierte Inhaber von Bachelorgraden auch ohne den Erwerb eines weiteren Grades im Wege eines Eignungsfeststellungsverfahrens zur Promotion zugelassen werden. Dieser Beschluss stieß auf starken Wiederstand bei den Universitäten, da den Bachelorkandidaten vielfach die Eignung zu einem eigenständigen wissenschaftlichen Arbeiten abgesprochen wurde. Hierfür, so die Universitäten, ist ein Masterabschluss notwendig. Es gibt indes auch einige formale Probleme, die eine Promotion direkt im Anschluss an den Bachelorabschluss erschweren. So fordert beispielsweise das Landeshochschulgesetz Baden-Württemberg in § 38, 3: „Zur Promotion kann als Doktorandin oder Doktorand in der Regel zugelassen werden, wer (1) einen Masterstudiengang, (2) einen Studiengang an einer Universität, Pädagogischen Hochschule oder Kunsthochschule mit einer mindestens vierjährigen Regelstudienzeit oder (3) ... mit einer Prüfung erfolgreich abgeschlossen hat." Damit scheiden in der Regel Absolventen eines grundständigen, heute in der Mehrzahl üblichen dreijährigen Bachelorstudienganges aus. Offen ist dagegen die Türe für die Absolventen vierjähriger Bachelorstudiengänge, wie sie in den USA, Kanada oder England durchaus üblich sind, sofern diese als gleichwertig in Deutschland anerkannt werden. Aber auch in diesen Fällen schreiben viele Promotionsordnungen ein entsprechendes Eignungsfeststellungsverfahren vor, in dem die Kandidaten von Professoren auf ihre Tauglichkeit zur Promotion überprüft werden. Prüfungsgegenstand sind vor allem das theoretische Wissen in dem Fach, in dem man promovieren möchte, aber auch praktische Methodenkenntnis und die Inhalte der Bachelorarbeit und die Fähigkeit, seine erzielten Ergebnisse kritisch im Hinblick auf die Literaturdaten zu diskutieren. Nicht selten endet dieses Eignungsfeststellungsverfahren mit Auflagen, die die Kandidaten erfüllen müssen, bevor sie mit der Promotion beginnen. Diese Auflagen können Laborpraktika im Rotationsverfahren, bestimmte Vorlesungen oder Seminare umfassen.

3.4.2 Master/PhD-Programme

Die Master/PhD-Programme sind ein sehr elegantes Fast-Track-Modell, jedoch nach wie vor die große Ausnahme zum Erwerb eines Doktorgrades. Diese Programme werden nur von sehr wenigen Universitäten angeboten. Bei den Master/PhD-Programmen werden die **Master/PhD-Programme: Kopplung der Master- und Promotionsphase** Master- und Promotionsphase miteinander gekoppelt, wobei sich die Masterarbeit mit der Promotionsphase überschneiden. Ziel dieser kombinierten Programme ist die Verkürzung der Promotionsphase für exzellente Kandidaten. Die Zeitersparnis wird auf verschiedenen Ebenen deutlich. Zum einen fallen die Bewerbungsphase und der Leerlauf zwischen dem Masterabschluss und dem Beginn der Promotion weg, der je nach Programm und Zulassungsverfahren zur Promotion mehrere Monate dauern kann. Zum anderen entfällt die Einarbeitungszeit in die Thematik und das Labor, da beides aus der Masterarbeit bekannt ist. Zudem baut man auf den Ergebnissen auf, die man in der Masterarbeit erzielt hat, und forscht auf diesem Gebiet weiter. So attraktiv diese Programme auch sind, gilt es dennoch einige Punkte zu bedenken. Aus zweierlei Gründen ist es wichtig, dass man aufgrund des Überlappsemesters einen Masterabschluss bekommt. (1) Sollte die Promotion aus irgendwelchen Gründen abgebrochen werden, steht man nicht mit leeren Händen da, sondern kann zumindest einen Masterabschluss vorweisen. Dies erleichtert die Aufnahme einer neuen Promotion an einer anderen Universität deutlich oder ist für den Berufseinstieg essenziell. (2) Die Eingruppierung in die für eine Promotion vorgesehene Gehaltsstufe sieht in der Regel einen Masterabschluss vor. Hier kann es manchmal schwierig werden, die Verwaltungen bei einem fehlenden Masterabschluss zu überzeugen, die für eine Promotion gängige Gehaltsstufe anzusetzen. Trotz dieser beiden Nachteile stellen in unseren Augen die Master/PhD-Programme eine sehr sinnvolle Alternative zum Erwerb eines Doktortitels dar. Sollte man diesen Karriereweg auswählen, muss man sich vor Aufnahme des Masterstudiengangs dazu entscheiden, um einen geeigneten Studiengang und Studienort zu identifizieren.

Weiterführende Literatur

Anabin-Datendank: http://anabin.kmk.org/anabin-datenbank.html; Stand: 22.06.2014.

Entschließung des 199. Plenums der Hochschulrektorenkonferenz vom 17./18.02.2003: Zur Organisation des Promotionsstudiums.

Bundesministerium für Bildung und Forschung (BMBF), Referat Wissenschaftlicher Nachwuchs, wissenschaftliche Weiterbildung (2008): Bundesbericht zur Förderung des Wissenschaftlichen Nachwuchses (BuWiN). Bonn, Berlin.

Deutsche Forschungsgesellschaft – DFG: Liste der laufenden Graduiertenkollegs: http://www.dfg.de/foerderung/programme/listen/index.jsp?id=GRK; Stand: 01.04.2014.

Deutsche Forschungsgesellschaft – DFG: Liste der laufenden Graduiertenschulen: http://www.dfg.de/foerderung/programme/listen/index.jsp?id=GSC ; Stand: 01.04.2014

Deutscher Akademischer Austausch Dienst – DAAD: https://www.daad.de/deutschland/promotion/de/; Stand: 15.07.2014.

Helmholtz Gemeinschaft: Doktorandenförderung: http://www.helmholtz.de/jobs_talente/doktorandenfoerderung; Stand: 01.04.2014.

Kultusministerkonferenz, Beschluss vom 15.03.1991 i.d. F. vom 18.11.2004: Vereinbarung über die Festsetzung der Gesamtnote bei ausländischen Hochschulzugangszeugnissen. www.kmk.org/filead-min/pdf/ZAB/Hochschulzugang_Beschluesse_der_KMK/GesNot04.pdf.

Kultusministerkonferenz, Beschluss vom 10.10.2003 i. d. F. vom 04.02.2010: Ländergemeinsame Strukturvorgaben für die Akkreditierung von Bachelor- und Masterstudiengängen. www.kmk.org/filead-min/veroeffentlichungen_beschluesse/2003/2003_10_10-Laendergemeinsame-Strukturvorgaben.pdf.

Max-Planck-Gesellschaft: http://www.mpg.de/de/imprs: Stand: 01.04.2014.

Medizinische Hochschule Hannover: Strukturierte Doktorandenausbildung: http://www.mh-hannover.de/3707.html; Stand: 15.07.2014.

Stöger, H., A. Ziegler & D. Schimke (Hrsg.) (2009): Mentoring: Theoretische Hintergründe, empirische Befunde und praktische Anwendungen. Pabst Science Publishers, Lengerich.

Wissenschaftsrat (2011): Positionspapier zu Anforderungen an die Qualitätssicherung der Promotion.

Technische Universität München: Promotionsprogramm Translationale Medizin: https://www.meditum.de/index.php?option=com_content&view=article&id=4197:promotionsprogramm-translationale-medizin&catid=532:translationale-medizin&Itemid=652&lang=en; Stand: 15.07.2014.

Universität Ulm: Promotionsprogramm Experimentelle Medizin: http://www.uni-ulm.de/einrichtungen/mm/expmedizin.html; Stand: 15.07.2014.

4 Optimale Promotions-bedingungen

„Zusammenkommen ist ein Beginn, zusammenbleiben ist ein Fort-schritt, zusammenarbeiten ist ein Erfolg." – *Henry Ford*

Inhalt

Optimale Promotionsbedingungen – sowohl im Rahmen der Einzelpromotion als auch in einem strukturierten Promotions-programm – hängen von wissenschaftlichen, praktischen und persönlichen Faktoren ab. Diese Faktoren lassen sich noch in andere wichtige Unterpunkte gliedern. Zu den wissenschaftli-chen Faktoren zählen (1) die Auswahl des Themas, (2) die Reputation des Erstbetreuers, (3) die Reputation der Arbeits-gruppe und des Instituts und (4) die Qualität des Promotions-programms, an dem man ggfs. teilnehmen möchte. Diese Fakto-ren sind recht einfach an verschiedenen Parametern festzuma-chen, genauso wie die praktischen Erwägungen mit den Teilaspekten (1) Finanzierung, Laufzeit und Dotierung der Pro-motionsstelle, (2) Struktur und Verantwortlichkeiten in der Arbeitsgruppe, (3) Infrastruktur des Instituts, des Fachbereichs und ggfs. der betreuenden Graduiertenschule und (4) „Add-ons" wie Mobilitätsprogramme, Schlüsselkompetenz-Seminare und Gender Aspekte. Deutlich schwieriger zu erfassen sind die persönlichen Faktoren, zu denen (1) das Verhältnis zwischen Betreuer und Doktorand/in, (2) Stimmung in der Arbeitsgruppe sowie (3) Stimmung in dem begleitenden Promotionspro-gramm gehören. Dies sind vielfach weiche Kriterien, die von den beteiligten Persönlichkeiten abhängig sind und die meis-tens erst nach einer mehrwöchigen Arbeitszeit in der betreffen-den Arbeitsgruppe umfassend eingeschätzt werden können. Erschwerend kommt hinzu, dass dieser Punkt durch zwei unter-schiedliche Perspektiven beleuchtet werden muss, nämlich aus Sicht des Doktoranden/der Doktorandin und aus Sicht des Betreuers, die beide – zwangsläufig – unterschiedliche Heran-gehens- und Sichtweisen sowie Interessen haben. Dennoch gibt es auch hier einzelne Punkte, die man bei der Vorauswahl eines Betreuers/einer Arbeitsgruppe berücksichtigen sollte.

4.1 Wissenschaftliche Faktoren

4.1.1 Das Promotionsthema

Auswahl des Promotionsthemas

Die Wahl des Promotionsthemas und damit auch des darin angewendeten Methodenrepertoires ist ein prägender und kritischer Punkt für die zukünftige wissenschaftliche Karriere des Doktoranden, den man nicht hoch genug einschätzen kann. Vielfach arbeiten die Promovierten während der anschließenden Postdoktorandenphase auf einem mehr oder weniger eng verwandten Forschungsthema weiter. Zukünftige Arbeitgeber – sei es nun aus Industrie oder dem akademischen Bereich – legen großen Wert auf die erlernten Techniken und Methoden. Nur das Beherrschen moderner und innovativer Technologien sowie einem entsprechend großen Methodenrepertoire garantieren die erfolgsversprechende Bearbeitung eines Forschungsthemas. Somit ist klar, dass die Wahl eines geeigneten Promotionsthemas von grundlegender Bedeutung ist. Hier hat man sich eine ganze Reihe von Fragen ehrlich und kritisch zu beantworten: Ist die wissenschaftliche Fragestellung so interessant, dass ich drei bis vier Jahre hoch motiviert daran arbeiten kann? Werde ich innovative und aktuelle Methoden erlernen? Welche der von mir bereits beherrschten Methoden kann ich in die Dissertation einbringen? Bin ich bereit, mit den benötigten biologischen Systemen zu arbeiten? Nicht jeder Doktorand möchte aus ethischen Gesichtspunkten mit Kleintiermodellen wie Maus, Ratte oder Frosch arbeiten. Wie breit ist das anzuwendende Methodenspektrum?

In der Regel verläuft die Promotionsthemenfindung in den Naturwissenschaften anders als in vielen anderen Disziplinen, z. B. den Sozialwissenschaften. Normalerweise wird in den biomedizinischen Wissenschaften ein Promotionsthema in Verbindung mit einer Promotionsstelle von einem Betreuer öffentlich und universitätsintern ausgeschrieben, auf das man sich bewerben kann. Auch aus einer Masterarbeit kann sich ein interessantes und erfolgversprechendes Promotionsthema entwickeln. Obgleich in den Sozialwissenschaften auch mehr und mehr strukturierte und thematisch fixierte Promotionsprogramme Einzug finden, sind hier die Individualpromotionen nach wie vor führend. Hier suchen sich zukünftige Promovenden ein spannendes Promotionsthema, mit dem sie an einen möglichen Betreuer (den Doktorvater) herantreten. Diese Vorgehensweise der unabhängigen Promotionsthemafindung durch den Promovenden findet sich in den Biowissenschaften systembedingt nur extrem selten.

Projektplan und/oder Betreuungsvereinbarung

Vor Beginn des Promotionsverfahrens sollte das gewählte Thema zwischen Kandidat und Betreuer diskutiert (siehe hierzu auch das Kapitel 5 „Projektmanagement") und schriftlich fixiert werden, beispielsweise in einem Projektplan und/oder einer Betreuungsvereinbarung (siehe Seite 92). Wichtig ist dabei, das Thema mit einer realistischen Breite zu formulieren. Dieser Spielraum ist notwendig, da nur in den seltensten Fällen abzusehen ist, in welche Richtung sich ein

Promotionsthema entwickelt. Bei der thematischen Ausgestaltung kommt dem Betreuer eine entscheidende Rolle zu, da ein Promotions-vorhaben in der Regel in ein größeres Forschungsvorhaben des Insti-tuts eingebettet ist und – zumindest in den Lebenswissenschaften – auf eine bestehende Finanzierung zurückgreift, die häufig durch einen entsprechenden, thematisch gebundenen Drittmittelantrag abgesichert ist.

Die Ausschreibung von Promotionsthemen und -stellen erfolgt häufig in nationalen und internationalen Zeitschriften sowie auf den Internetseiten der Institute, der strukturierten Promotionspro-gramme, den Graduiertenschulen und entsprechenden Internetporta-len wie sie z. B. auf der gemeinsamen Internetseite des Bundesminis-teriums für Bildung und Forschung (BMBF) und des Deutschen Aka-demischen Austauschdiensts (DAAD) „Research in Germany" (http://www.research-in-germany.de/; Stand: 12.06.2014) gelistet sind. Somit liegt es ausschließlich in der Eigeninitiative des Kandidaten, aus einem großen Angebot verschiedener Themen ein geeignetes Vor-haben zu identifizieren und den Betreuer im Bewerbungsverfahren zu überzeugen, dass er der geeignete Kandidat für dessen Bearbeitung ist. Dabei ist es von entscheidender Bedeutung, Thema und Stelle pri-mär nach dem eigenen Forschungsinteresse auszuwählen. Glücklich können sich dabei diejenigen Kandidaten schätzen, die aus ihrer Mas-terarbeit ein Promotionsthema generieren oder in ein Fast-Track-Pro-gramm aufgenommen werden (siehe hierzu auch Seite 65).

Ausschreibung von Promotionsthemen und -stellen

4.1.2 Die Reputation des Erstbetreuers, der Arbeitsgruppe bzw. des Instituts

Ein zweiter wichtiger Faktor bei der Wahl eines Promotionsthemas ist die Reputation des Erstbetreuers. Unter der Voraussetzung der eige-nen intrinsischen hohen Motivation begleitet von einer exzellenten Promotion ist es offensichtlich, dass eine wissenschaftliche Karriere umso einfacher ist, je höher die wissenschaftliche Reputation des Erstbetreuers ist. Dies liegt einerseits an dem Standing des Erstbetreu-ers in der wissenschaftlichen Gemeinschaft (erkennbar u. a. an der Anzahl der hochrangigen Publikationen und den damit verbundenen Impaktfaktoren, Preise und Mitgliedschaften in (Fach-)Gesellschaf-ten; siehe auch weiter unten), andererseits aus der daraus folgenden meistens recht guten Finanzierung seiner Forschungsprojekte, aber auch an seiner guten Vernetzung, die das Finden einer geeigneten Postdoktorandenstelle vereinfacht. Wichtig an dieser Stelle festzuhal-ten ist allerdings der Hinweis, dass die fachliche Reputation eines Betreuers keine Rückschlüsse auf seine unmittelbaren Qualitäten als Betreuer eines Promovenden erlaubt.

Der Impact-Faktor: Nach welchen Kriterien kann ein angehender Promovend aber die wissenschaftliche Reputation eines potenziellen Erstbetreuers abschätzen? Die Parameter, die hier oft zu Rate gezogen

Anzahl und Güte
der Publikationen

werden, sind die Publikationen und deren Qualität. Oder anders ausgedrückt: Anzahl und Güte der Publikationen. Die Anzahl der Publikationen kann in öffentlich zugänglichen Datenbanken abgefragt
werden. Zu nennen sind hier die gebührenfreie Publikationsdaten-
bank PubMed des US amerikanischen National Center for Biotechnology Information (NCBI, http://www.ncbi.nlm.nih.gov/pubmed;
Stand: 12.06.2014) oder das Web of Knowledge der Firma Thomson
Reuters (http://wokinfo.com/#; Stand: 12.06.2014), dessen Nutzung
allerdings kostenpflichtig ist. Häufig haben Universitäten oder Fakultäten diesen Service jedoch abonniert und ein Zugang ist über die
Universitätsbibliothek oder das Universitätsrechenzentrum möglich.

Impact-Faktor (IF) Als wichtiges Qualitätskriterium einer (biomedizinischen) Publikation wird heute nach wie vor der Impact-Faktor (IF) einer Zeitschrift herangezogen. Er beschreibt, wie häufig ein „durchschnittli-
cher Artikel" eines Journals in einer definierten Zeitperiode zitiert
wird. Vereinfacht ausgedrückt kann man sagen: (1) Je häufiger ein
Artikel zitiert wird, desto grundlegender und wichtiger sind die darin
vorgestellten Ergebnisse. (2) Je höher ein Impact-Faktor ist, desto
wichtiger und innovativer wird das entsprechende Journal von der
wissenschaftlichen Gemeinschaft eingeschätzt.

Der jährliche Impact-Faktor ist definiert als das Verhältnis von
Zitationen zu den neuesten publizierten und zitierbaren Artikeln. Er
berechnet sich immer auf eine Spanne von zwei Jahren nach der
Formel:

Jährlicher Impact-Faktor

$$= \frac{\text{Zahl der Zitate im Bezugsjahr auf die Artikel der vergangenen 2 Jahre}}{\text{Zahl der Artikel in den vergangenen 2 Jahren}}$$

Für den Impact-Faktor einer Zeitschrift im Jahr 2014 wäre dies beispielhaft:

Impact-Faktor 2014

$$= \frac{\text{Zahl der Zitate im Jahr 2014 auf die Artikel in den Jahren 2013 und 2012}}{\text{Zahl der Artikel in den Jahren 2013 und 2012}}$$

Dies bedeutet, dass aufgrund dieser Definition der Impact-Faktor für
das Jahr 2014 erst im Jahr 2015 errechnet werden kann.

Je höher ein Impact-
Faktor, desto wichtiger
die entsprechende
Zeitschrift.

Je höher ein Impact-Faktor ist, desto wichtiger ist die entsprechende Zeitschrift. Daher wird allgemein versucht, Artikel möglichst
hochrangig, d. h. in Journalen mit hohem Impact-Faktor, zu publizieren. Um hier einige Anhaltspunkte zu geben: Zu den in der Biomedizin renommiertesten Journalen gehören Nature (IF_{2012} = 38,597),
Cell (IF_{2012} = 31,957) und Science (IF_{2012} = 31,027). In diesen Journalen zu publizieren ist ausgesprochen schwierig, da die Anforderungen
bzgl. der Neuheit einer Hypothese, der mechanistischen Untersuchungen und des innovativen Methodenrepertoires extrem hoch sind.

Die Impact-Faktoren werden, wie bereits erwähnt, jährlich von der amerikanische Firma Thomson Reuters berechnet und in Form des Journal Citations Report (JCR) gegen Gebühr zur Verfügung gestellt. Bei Zugangsberechtigung können sie z. B. über das ISI Web of Knowledge (http://wokinfo.com; Stand: 22.06.2014) abgerufen werden. Die Impact-Faktoren gehen auf den amerikanischen Wissenschaftler Eugene Garfield zurück, der als einer der Begründer der Bibliometrie gilt. Er gründete 1960 das Institute for Scientific Information (ISI), das 1992 in den Besitz von Thomson Scientific & Healthcare überging und heute als eine wichtige Sparte des Healthcare & Science Bereichs von Thomson Reuters gilt. Die ersten Impact-Faktoren wurden 1975 für solche Journale errechnet, die im Journal Citation Report gelistet waren.

Für die biomedizinischen und die medizinischen Wissenschaften (einschließlich Psychatrie, Psychotherapie und Soziologie) werden zwei Citations Reports herangezogen: der Science Citation Index (SCI) und der Social Sciences Citation Index (SSCI). Nach Angaben von Thomson Reuters werden mehr als 8.200 Journale im SCI gelistet und mehr als 2.900 im SSCI (Stand: November 2013). Dabei werden die Journale bestimmten thematischen Kategorien zugeordnet und es ist durchaus möglich, dass eine Zeitschrift Bestandteil mehrerer Kategorien ist. So ist „Cell" z. B. Bestandteil der Kategorien Biochemie & Molekulare Biologie sowie Zellbiologie.

Citations Reports: Science Citation Index (SCI) und Social Sciences Citation Index (SSCI)

Nachteile des Impact-Faktors: Allerdings wird die Bedeutung des Impact-Faktors aufgrund seiner Nachteile und geringen Aussagekraft in der Wissenschaft zunehmend kontrovers diskutiert. Als die beiden Hauptnachteile gelten (Dong et al. 2005):

(1) Impact-Faktoren können zwischen zwei wissenschaftlichen Disziplinen nicht verglichen werden. Dies liegt vor allem daran, dass einerseits die Zeitschriften mit hohen Impact-Faktoren bevorzugt Artikel aus aktuellen und modernen Forschungsgebieten publizieren. So ist es zum heutigen Zeitpunkt fast unmöglich, einen Artikel aus einem mechanistisch-chirurgischen Forschungsgebiet in Nature oder Science zu publizieren, wogegen eine Stammzellarbeit, die zudem grundlegende Mechanismen der Signaltransduktion aufzeigt, durchaus eine gute Chance zur Veröffentlichung hat. Dies hat etwas mit dem Konkurrenzdenken der führenden Journale zu tun, die gezielt darauf aus sind, innovative Forschungsergebnisse als erste zu publizieren. Zudem werden Artikel aus schnell wachsenden modernen Forschungsgebieten häufiger zitiert als Artikel aus klassischen Forschungsgebieten. Diese erhöhte Anzahl der Zitationen führt wiederum zu einem erhöhten Impact-Faktor der jeweiligen Zeitschrift und damit zu einer (gedachten) Steigerung der Qualität dieser Zeitschrift.

Impact-Faktoren können zwischen zwei wissenschaftlichen Disziplinen nicht verglichen werden.

Was ist der Ausweg aus diesem Dilemma? Ein Weg besteht darin, die „Güte" einer Zeitschrift und damit der darin publizierten Artikel innerhalb ihrer „Subject category" einzuschätzen. Wie schon erwähnt, sind die Zeitschriften innerhalb des Science Citation Index in bestimmte fachliche Kategorien (= Subject categories) eingeordnet. So findet man die Zeitschrift Cell in den Kategorien Biochemie & Molekulare Biologie und Zellbiologie. In diesen Kategorien belegt sie mit einem Impact Faktor von 31,957 die Positionen 1 von 290 gelisteten Journalen bzw. 2 von 185 gelisteten Journalen. Im Gegensatz dazu hat das Journal Annals of Surgery im Jahr 2012 nur einen Impact-Faktor von 6,329. Allerdings ist es in der Kategorie Chirurgie mit diesem Impact-Faktor an Position 1 von 199 gelisteten Journalen gerankt. Diese Beispiele verdeutlichen, dass auch eine Publikation in einer Zeitschrift mit niedrigerem Impact-Faktor durchaus eine große Bedeutung für das jeweilige Forschungsgebiet haben kann. Bei der Auswahl eines potenziellen Betreuers für eine Promotion ist es also sinnvoll, auch diesen Aspekt zu berücksichtigen.

Impact-Faktoren werden als Mittelwert für den ganzen publikatorischen Output eines Journals berechnet und nicht auf die Zitationshäufigkeit einer spezifischen Publikation.

(2) Der zweite Nachteil des Impact-Faktors ist in seiner Berechnungsweise begründet. Impact-Faktoren werden als Mittelwert für den ganzen publikatorischen Output eines Journals berechnet und nicht auf die Zitationshäufigkeit einer spezifischen Publikation. Somit kann eine kleine Anzahl von Artikeln eine große Anzahl von Zitationen erreichen und damit hauptverantwortlich für den Impact-Faktor eines Journals sein. Über einen individuellen Artikel sagt er nichts aus. Als Beispiel hierfür soll wiederum das Journal Nature dienen. In einem Editorial aus dem Jahre 2005 beschreibt das Journal (Nature editorial 2005), dass der Impact-Faktor 2004 zu 89 % auf die Zitierungen von 25 % der publizierten Artikel beruht. Das am häufigsten zitierte Paper weist dabei über 100 Zitationen auf. Nur 50 von rund 1.800 zitierbaren Artikeln wurden mehr als 100 Mal zitiert und die größte Anzahl von Artikeln wurde weniger als 20 Mal zitiert. Vergleichbare Zahlen gibt es auch für andere Journale. Diese Zahlen machen klar, dass der Impact-Faktor nicht oder allenfalls nur sehr stark begrenzt zur Qualitätsabschätzung eines spezifischen Artikels herangezogen werden kann. Es kann sich also durchaus lohnen, einmal zu recherchieren, wie häufig bestimmte Artikel eines potenziellen Betreuers zitiert worden sind.

Hirsch-Index (H-Index) basiert auf den Zitationen der Publikationen eines Autors zu einem gegebenen Zeitpunkt.

Der Hirsch-Index: Viel besser geeignet zur Qualitätsabschätzung eines Forschers ist z. B. der Hirsch-Index (H-Index), der auch Hirschfaktor, Hirsch-Koeffizient oder h-number genannt wird. Der H-Index ist eine bibliometrische Maßeinheit, die auf den Zitationen der Publikationen eines Autors zu einem Zeitpunkt basiert. Vereinfacht ausgedrückt kann man sagen: Je höher der H-Index eines Autors ist, desto häufiger wurden seine Publikationen zitiert und um so größer ist somit der wissenschaftliche Impact des Autors.

Der H-Index kann im Citation Report im Web of Knowledge erfragt werden (http://apps.webofknowledge.com/WOS_GeneralSearch_input.do?product=WOS&SID=R2kt9nvtZwXDQ9oMU1n&search_mode=GeneralSearch; Stand: 15.07.2014). Stanley Prusiner, der für seine Entdeckung der Prionen als ein neues biologisches Prinzip der Infektion 1997 den Nobel-Preis für Medizin und Physiologie erhielt, hat z. B. einen H-Index von 134; Frederick Sanger, der bereits zweimal den Nobel-Preis bekommen hat (1958 für seine Arbeiten über die Struktur der Proteine, insbesondere Insulin, und 1980 zusammen mit Walter Gilbert für ihre Beiträge zur Bestimmung von Basissequenzen in Nukleinsäuren) hat einen H-Index von 50 (jeweils Stand: 2013).

Man muss allerdings beachten, dass Nachwuchswissenschaftler und -gruppenleiter zwangsläufig einen niedrigeren H-Index haben (müssen) als Institutsleiter, da sie erst am Anfang ihrer Karriere stehen und noch nicht so viele Publikationen haben können wie etablierte Wissenschaftler. Auch hat die Größe einer Arbeitsgruppe oder eines Instituts einen großen Einfluss auf die Anzahl der Publikationen und damit insbesondere auf den H-Index. Große Institute produzieren in einem definierten Zeitraum deutlich mehr Publikationen als kleine Arbeitsgruppen. Somit muss ein Leiter eines großen Instituts auch zwangsläufig einen deutlich höheren H-Index haben als der einer kleineren Arbeitsgruppe oder als ein Nachwuchswissenschaftler. Somit sollte der H-Index immer im Zusammenhang mit (1) der Gruppengröße und (2) dem Karrierestand eines Wissenschaftlers gesehen werden. Beides sollte man der Homepage der betreffenden Einrichtung entnehmen können. Auch trifft der H-Index keine Unterscheidung, ob es sich bei Publikationen um Erst- oder Letztautorpublikationen einerseits oder Koautorschaften andererseits handelt.

Auszeichnungen und Preise: Ein weiterer wichtiger Punkt ist die Frage, ob der Arbeitsgruppenleiter national oder international anerkannte Auszeichnungen oder Preise erhalten hat. In Deutschland gehören hierzu u. a. der Deutsche Krebspreis, der von der Deutschen Krebsgesellschaft verliehen wird, oder der Leibniz-Preis der Deutschen Forschungsgemeinschaft. Auch die Art der Förderung eines Nachwuchsgruppenleiters, bei dem man sich auf eine Promotionsstelle bewerben möchte, kann ein Qualitätskriterium sein. Handelt es sich z. B. um eine Emmy-Noether-Nachwuchsgruppe (ebenfalls DFG gefördert), ist dies eine hohe Auszeichnung, da Emmy-Noether-Nachwuchsgruppen in einem hoch kompetitiven Verfahren nur an die besten Nachwuchswissenschaftler vergeben werden. Diese wurden dabei von einem externen Gutachtergremium genau so streng evaluiert wie z. B. Juniorprofessoren oder auch die Leiter von Max-Eder-Nachwuchsgruppen der Deutschen Krebshilfe.

Deutscher Krebspreis

Leibniz-Preis der Deutschen Forschungsgemeinschaft

Anzahl der begutachteten Drittmittelprojekte: Begutachtete Drittmittel stellen ebenfalls ein Gütekriterium dar. Der Erfolg in der Drittmitteleinwerbung ist häufig auf der jeweiligen Homepage oder in öffentlich zugänglichen Datenbanken wie GEPRIS (Geförderte Projekte Informationssystem) der DFG (http://gepris.dfg.de/gepris/OCTOPUS/;jsessionid=B559924D3007B37B9ECD661414655DB1?module=gepris; Stand: 12.06.2014) recherchierbar.

GEPRIS (Geförderte Projekte Informationssystem der DFG)

Größe der Arbeitsgruppe: Für angehende Promovenden ist ebenfalls die Anzahl der betreuten und aktuellen Doktoranden wichtig und die Frage, ob diese Doktoranden ihre Ergebnisse publizieren konnten bzw. an prominenter Stelle (= Erstautorschaft) auf Publikationen stehen. Zu beachten ist jedoch, dass die Größe einer Arbeitsgruppe nicht als Qualitätskriterium herangezogen werden kann. Zwar korreliert die Größe einer Arbeitsgruppe häufig mit den eingeworbenen Drittmitteln und der Anzahl der Publikationen, jedoch sind insbesondere drittmittelgeförderte Nachwuchsgruppen und Gruppen von Juniorprofessoren sehr klein. Sie bestehen häufig nur aus dem Arbeitsgruppenleiter, einer Technischen Assistenz und 1–2 Doktoranden. Hinzu kommen gelegentlich noch einige Studierende, die ihre Bachelor- oder Masterarbeit anfertigen. Im Umkehrschluss bedeutet dies aber auch, dass die Betreuung in diesen kleinen Gruppen meist intensiver und stringenter organisiert ist als in großen Abteilungen.

Mit den Parametern Anzahl der Publikationen, Impact-Faktor, H-Index und eingeworbene Drittmittel hat man also mehrere Indikatoren, um sich ein Gesamtbild über die wissenschaftliche Reputation und Produktivität eines Forschers zu machen. Gleiches gilt auch, wenn man sich auf einer übergeordneten Ebene, beispielsweise auf der Ebene eines Forschungsinstitutes, ein Bild machen möchte.

4.1.3 Die Qualität des Promotionsprogramms

Entscheidet man sich dafür, sich auf ein Promotionsprojekt bzw. auf eine Promotionsstelle eines strukturierten Promotionsprogramms zu bewerben, sollte man auch dessen Qualität kritisch hinterfragen. Hier kann die Art der Förderung wichtige Aufschlüsse geben. Alle extern geförderten Promotionsprogramme genügen hohen und höchsten Qualitätsansprüchen. Handelt es sich z. B. um eine Graduiertenschule, die durch die Exzellenzinitiative des Bundes und der Länder gefördert wird, um ein DFG-gefördertes Graduiertenkolleg oder um ein Promotionskolleg der Else-Kröner-Fresenius Stiftung, so wurden diese nicht nur auf das wissenschaftliche Konzept hin, sondern auch auf die Struktur der wissenschaftlichen Ausbildung, die Mentoring-Programme und die Qualität der extracurricularen, nicht-wissenschaftlichen Angebote von einem internationalen Gutachtergremium begutachtet und für gut befunden. Aufgrund dieser Begutachtung, die internationale Standards sichern soll, ist unseres Erachtens die externe Förderung ein exzellentes Qualitätskriterium. Hinzu kommen einige weitere Faktoren, die nachfolgend aufgelistet sind, und die leicht auf der Homepage des Promotionsprogramms nachgelesen werden können bzw. nachzulesen sein sollten:

- Hat das Ausbildungsprogramm eine klare (zeitliche) Struktur? Sind die Beteiligungsregeln und die für die Promotion zu erbringenden Leistungen klar und transparent definiert? Sind sie in entsprechenden Ordnungen rechtlich festgelegt?
- Wie umfassend ist das extracurriculare Angebot (Schlüsselkompetenz-Seminare) auf das ich zurückgreifen kann, um mich auf das

Alle extern geförderten Promotionsprogramme genügen hohen und höchsten Qualitätsansprüchen.

Berufsleben im akademischen Bereich und der Industrie vorzube-
reiten?
- Gibt es gute Mentoring- und Gender-Programme?
- Gibt es finanzielle Unterstützung (Mobility-Programm), um z. B.
  auf internationale Kongresse fahren oder Praktika im Ausland
  machen zu können?
- Sind die Studierenden an den entsprechenden Gremien, die das
  Promotionsprogramm leiten, innerhalb der möglichen rechtlichen
  Regelungen beteiligt und können sie das Programm so aktiv mitge-
  stalten?
- Wie ist die Qualität der Homepage? Wie ist die Außendarstellung?
  Finde ich z. B. auf der Homepage alle Angaben, die mich interessieren?
- Wie ist die Erreichbarkeit des Koordinierungsbüros der Promotionsprogramme? Geben die Mitarbeiterinnen und Mitarbeiter
  gerne, schnell und exakt Auskunft, wenn ich Fragen zu dem Bewerbungsverfahren oder dem Programm generell habe?

4.2 Praktische Faktoren

4.2.1 Finanzierung, Laufzeit und Dotierung der Promotionsstelle

Promotionsprojekt und Promotionsstelle sind in den Lebenswissenschaften unabdingbar miteinander verknüpft, da die Promotion eine
in der Regel 3–4-jährige (Vollzeit-)Anwesenheit im Labor voraussetzt.
Somit ist die Frage nach der persönlichen Finanzierung während der
Promotion von herausragender Bedeutung. Zunächst einmal sollte
man sich darüber bewusst werden, dass es verschiedene Möglichkeiten gibt, während der Promotion finanziert zu werden. Einerseits
kann der Betreuer eine Promotionsstelle zur Verfügung stellen, die
beispielsweise aus dem Universitätshaushalt (= dem Institutsbudget)
oder aus eingeworbenen Drittmitteln finanziert wird. Die gängige **Drittmittel- und Haus-**
Besoldungshöhe in den Lebenswissenschaften ist in Deutschland eine **haltsstellen**
50 % oder 65 % TVL E13 Stelle (TVL = Tarifvertrag der Länder), wobei
die meisten Programme heute aufgrund der hohen Konkurrenz und
den Vorgaben der Fördereinrichtungen von den historischen 50 % auf
65 %-Stellen umsteigen oder vielfach schon umgestiegen sind. Eine
weitere Möglichkeit der Finanzierung ist durch Promotionsprogramme gegeben (beispielsweise Graduiertenkolleg, Graduiertenschule etc.), bei denen das Programm diese Stellen in Form eines
Angestelltenverhältnisses oder eines Stipendiums anbietet. Das formale Prozedere zur Bereitstellung dieser Stellen variiert von Standort
zu Standort. Neben den Drittmittel- und Haushaltsstellen, die von
einem Betreuer unabhängig oder in Verbindung mit einem strukturierten Promotionsprogramm ausgeschrieben werden, gibt es die **Ausschreibung von**
koordinierten Ausschreibungen von mehreren Stellen, die durch Pro- **Stellen**

motionsprogramme organisiert werden. Hierbei gibt es prinzipiell zwei unterschiedliche Möglichkeiten. Einerseits kann das Promotionsprogramm lediglich Stellen ohne gekoppeltes Promotionsprojekt ausschreiben, selektiert dann die besten Kandidaten, die anschließend – nach Akzeptanz durch einen Erstbetreuer – in die Arbeitsgruppe ihrer Wahl gehen können. Andererseits kann eine Vorauswahl von förderungswürdigen Projekten durch das Programm erfolgen, sodass die Promovenden bei der Bewerbung bereits in der Projektauswahl eingeschränkt sind.

Eigeneinwerbung einer Promotionsstelle

Als weitere Finanzierungsmöglichkeit besteht die Eigeneinwerbung einer Promotionsstelle. Hierzu gibt es verschiedene Anlaufstellen wie beispielsweise Landesgraduiertenförderprogramme, den Deutschen Akademischen Austauschdienst, zahlreiche Stiftungen sowie von der Industrie geförderte Programme. Bei all diesen können sich potenzielle Doktoranden um eine Finanzierung kompetitiv bewerben. Allerdings sollten sie sich vergegenwärtigen, dass die Auswahlverfahren in der Regel hochkompetitiv und langwierig sind und voraussetzen, dass eine konkrete Projektbeschreibung und die Zusage eines putativen Betreuers vorliegen muss, um die Förderung zu erlangen. Dies bedeutet, dass die Auswahl einer Arbeitsgruppe, die Kontaktaufnahme mit einem Betreuer und die Erarbeitung eines Projektplanes frühzeitig erfolgen müssen.

Laufzeit der Finanzierung der Promotionsstelle

In allen oben geschilderten Fällen sollte man als Doktorand hinterfragen, wie lange die Finanzierung der Promotionsstelle gesichert ist, denn die Erstellung der Dissertation dauert einschließlich der dazu notwendigen praktischen Tätigkeit in der Regel 3–4 Jahre. Stellen, die über ein Promotionsprogramm vergeben werden, haben meistens eine mehrjährig gesicherte Förderung. Dem entgegen stehen drittmittelgeförderte Projekte, die der Betreuer eingeworben hat, die ggfs. über eine kürzere, gesicherte Finanzierung verfügen und deren Weiterfinanzierung vom Erfolg des Betreuers hinsichtlich der Einwerbung von Drittmitteln abhängig ist. Diese Punkte sollte jeder Kandidat vor Antritt einer Promotionsstelle ernsthaft überdenken und abwägen, da es erfahrungsgemäß sehr belastend ist, mehr als die Hälfte seiner Promotion absolviert zu haben und dann vor einer unsicheren Finanzierungssituation zu stehen. Dann kann sich durchaus die Situation ergeben, auch ohne bestehende Finanzierung an der Promotion weiterzuarbeiten, weil man einerseits die bisher erzielten Ergebnisse nicht aufgeben möchte und andererseits schon zu weit in der Promotion fortgeschritten ist, um diese abzubrechen. Ein Punkt sollte völlig klar sein: Ein Wechsel des Promotionsthemas und ein Wechsel der Arbeitsgruppe nach einer bereits mehrjährigen Promotionsphase ist insbesondere auch vor dem Hintergrund des Lebensalters und den damit einhergehenden verminderten Berufseinstiegschancen häufig nicht sinnvoll.

Zu Beginn dieses Kapitels wurde schon angesprochen, dass das Beschäftigungsverhältnis des Promovenden während der Promotionsphase durch eine Promotionsstelle oder ein Promotionsstipendium finanziert werden kann. Was ist nun der Unterschied zwischen einem Stipendium und einem normalen Arbeitsvertrag? In einem strukturierten Programm ist der Nettobetrag in beiden Fällen vergleichbar und sollte sich – wenn überhaupt – nur geringfügig unterscheiden. Dennoch haben Stipendienverträge für Doktoranden zwei schwerwiegende Nachteile. Zum einen werden keine Beiträge zur Arbeitslosenversicherung geleistet. Damit haben Doktoranden nach Ablauf des Stipendiums im Falle der Arbeitslosigkeit, z. B. in der Übergangsphase zwischen der Promotion und dem Antritt der nachfolgenden neuen Arbeitsstelle, keinen Anspruch auf Arbeitslosengeld I. Allerdings muss man dem entgegenhalten, dass solche Fälle extrem selten sind. Postdoc-Stellen zu erhalten, auch über verschiedene Finanzierungsmodelle wie dem Forschungsstipendium der DFG (siehe http://www.dfg.de/foerderung/programme/einzelfoerderung/forschungsstipendien/index.html; Stand: 21.03.2014) oder der Beantragung der eigenen Stelle bei der gleichen Förderinstitution (siehe http://www.dfg.de/formulare/52_02/52_02_de.pdf; Stand: 21.03.2014), ist nach wie vor recht einfach, wobei der Großteil aller Promovierten ihre erste Postdoc-Position im Ausland antreten, da dies sehr karriereförderlich ist (siehe hierzu auch das Kapitel 7).

Nachteile von Stipendienverträgen

Zum anderen werden von Stipendiaten keine Beiträge zur Rentenversicherung abgeführt, wodurch die späteren Rentenzahlungen durch die Ausfallzeiten des Stipendiums geringer ausfallen. Diesem Problem kann man aber durch zwei einfache Maßnahmen entgegenwirken. Erstens kann man freiwillig in die Rentenkasse einzahlen, wodurch Ansprüche in der gesetzlichen Rentenversicherung entstehen. Zweitens kann man monatlich anderweitig Geld ansparen, um die Rentenausfälle zu kompensieren (Stichwort „Private Altersvorsorgung").

Wichtig ist es uns, an dieser Stelle anzumerken, dass sich die gesicherte Finanzierung der Promotion nicht nur auf die Personalkosten (z. B. Gehalt des Doktoranden) beschränken, sondern auch die laufenden Kosten für die Experimente abdecken muss, die in den Lebenswissenschaften durchaus erhebliche Beträge erreichen können. Diese Kosten werden allgemein als Verbrauchsmittel, Sachmittel oder „Consumables" genannt. Hier empfiehlt sich die Nachfrage bei dem Betreuer.

Finanzierung der Personalkosten und der Verbrauchsmittel, Sachmittel oder Consumables

> **Verknüpfung Promotionsprojekt – Promotionsstelle**
>
> Als Promotionsprojekt wird das wissenschaftliche Thema und das wissenschaftliche Projekt eines Doktoranden bezeichnet. Die Promotionsstelle beschreibt dagegen die Finanzierung der Stelle eines Doktoranden. Im Gegensatz zu einigen sozialwissenschaftlichen Disziplinen sind in den Lebenswissenschaften Promotionsprojekt und Promotionsstelle oft eng miteinander verknüpft. So werden Promotionsprojekte fast immer in Verbindung mit Promotionsstellen ausgeschrieben. Hintergrund ist die erforderliche ganztägige Laborarbeit, die einen parallelen Beruf nicht erlaubt. Das wissenschaftliche Projekt wird in den Lebenswissenschaften in der Regel von einem Betreuer bereitgestellt. Es ist meist eingebettet in die gesamten Forschungsaktivitäten der Arbeitsgruppe oder des Lehrstuhls. In Ausnahmefällen ist es möglich, dass dieses Projekt nicht mit einer Promotionsstelle unterlegt ist. So kann es vorkommen, dass ein Betreuer zwar ein Projekt für ein Promotionsvorhaben hat und dieses womöglich gar ausschreibt, aber keine Finanzierung für einen Doktoranden zur Verfügung steht. Diese zu finden, wird dann auf später verschoben oder der Doktorand mit der Aufgabe betraut, ein Stipendium einzuwerben. Anders sieht es dagegen aus, wenn eine Promotionsstelle ausgeschrieben wird. Dann gibt es zu dem zugehörigen Projekt auch eine entsprechende Finanzierung der Promotionsstelle. In Bewerbungsgesprächen empfiehlt es sich also immer, auch die Finanzierung der Promotionsstelle genau zu hinterfragen.

4.2.2 Struktur und Verantwortlichkeiten in der Arbeitsgruppe

Die Struktur der Arbeitsgruppe hat einen großen Einfluss auf die Betreuung des Promovenden und damit auf den Erfolg der Arbeit. Folgende Fragen sind in diesem Zusammenhang zu beachten: Hat die Arbeitsgruppe eine flache oder steile Hierarchie? Wie ist die tägliche Betreuung an der Laborbank geregelt und gewährleistet? Ist der Betreuer einfach und schnell erreichbar oder muss man für Besprechungen Termine lange Zeit im Voraus planen?

Betreuung eines Doktoranden   Die Betreuung eines Doktoranden erfordert die kontinuierliche Interaktion zwischen Doktorand und Betreuer. Die Anzahl der Doktoranden eines Instituts bzw. einer Arbeitsgruppe ist ein guter Indikator dafür, wie viel Zeit ein Betreuer für den einzelnen Doktoranden neben seinen anderen vielfältigen Verpflichtungen in Forschung, Lehre und Administration zur Verfügung hat. Eine gewachsene Struktur innerhalb einer Arbeitsgruppe, die auch die Einbeziehung von Postdoktoranden und Nachwuchsgruppenleitern beinhaltet, ermöglicht, die Betreuung auf mehreren Schultern und Ebenen zu verteilen sowie die

Betreuungsintensität für den Anfänger zu erhöhen. Allerdings müssen die Verantwortlichkeiten klar geregelt sein. Es kann leicht passieren, dass ein Doktorand z. B. „zwischen die Stühle" des Institutsleiters und des ihn unmittelbar betreuenden Postdocs gerät. In solchen Situationen sind Konflikte vorprogrammiert, die nicht selten zu Lasten des Doktoranden gehen.

Einen Einblick über den Aufbau einer Arbeitsgruppe erhält man häufig durch die Homepage des Instituts. Ein Bewerber sollte sich auch nicht scheuen, im Bewerbungsgespräch zu fragen, wie die Betreuung gewährleistet bzw. geplant ist. Wird man einem Postdoc direkt zugeordnet, der vollverantwortlich für die Betreuung ist, oder übernimmt die Arbeitsgruppe bzw. der Institutsleiter die Betreuung? Wem ist der Doktorand wann berichtspflichtig? Der Institutsleiter muss regelmäßig über den Fortschritt der Arbeit informiert werden. Erfolgt dies in den regelmäßigen Institutsseminaren oder sollen hierfür zusätzliche Termine anberaumt werden? Was passiert, wenn Postdoc und Institutsleiter unterschiedlicher Meinung bezüglich der Interpretation der Ergebnisse des Doktoranden sind? Wie werden solche Situationen gelöst? Ein Doktorand sollte sich nicht scheuen, diese Fragen offensiv anzugehen. Dadurch können Konflikte im Vorfeld vermieden werden.

4.2.3 Infrastruktur des Instituts und des Fachbereichs

Unter Infrastruktur verstehen wir die Ausstattung der Labore und Büros sowie die Geräte- und IT-Ausstattung der jeweiligen Einrichtung. Ein Doktorand sollte ausreichend Laborbank zur Verfügung haben, um seine Experimente nicht durch Platzmangel gestresst durchführen zu müssen. Ein Büro- oder Schreibplatz außerhalb des Labors ist wünschenswert, um einerseits die Experimente planen und andererseits diese konzentriert und in Ruhe auswerten zu können.

Infrastruktur: Ausstattung der Labore und Büros sowie Geräte- und IT-Ausstattung

Einen Eindruck über die Qualität der Laborausstattung kann man während des obligatorischen Institutsrundgangs während des Bewerbungsgesprächs gewinnen. Auf diesen Rundgang sollte man auf keinen Fall verzichten und, wenn dieser nicht angeboten wird, auf jeden Fall erbitten. Die Erfahrungen, die man diesbezüglich während seiner Bachelor- und Masterarbeit gewonnen hat, sind nun sehr hilfreich. Sie helfen dabei, die Grundausstattung sowohl bezüglich Qualität als auch Quantität einzuschätzen. Weitere wichtige Punkte in diesem Zusammenhang sind z. B.: Wie ist die Belegung des Zellkulturlabors geregelt? Gibt es ausreichend Kapazität in der Maus-Facility, falls Mausexperimente im Zuge der Promotion geplant sind? Wie ist der Zugang zum Tierstall und den Isotopenlaboren geregelt?

Letztendlich kann die Großgeräteausstattung des Fachbereichs bzw. der Fakultät einen entscheidenden Einfluss auf die Durchführung der Arbeit nehmen. Die meisten Universitäten, die im Bereich der Life Sciences forschen, stellen den Wissenschaftlern heute eine gewisse Anzahl von Großgeräten für ihre Arbeit gegen Gebühr zur Verfügung. Diese Großgeräte, die in der Anschaffung und den Betrieb für eine einzelne Arbeitsgruppe zu teuer sind, werden in sogenannten Zentralen Einheiten (Core Facilities) betrieben. Hierzu zählen z. B. Deep-Sequencing und Bioinformatik Einheiten, Chip- und Proteomics Facilities, Life-Cell-Imaging Einheiten und verschiedene Methoden der molekularen Bildgebung. Sind diese Geräte vor Ort, führt dies in der Regel zu einer deutlich schnelleren Durchführung der Experimente, als wenn man sich einen externen Kooperationspartner oder auch einen externen Anbieter suchen muss. Die Homepage des Fachbereichs bzw. der Fakultät gibt in der Regel Auskunft über die zur Verfügung stehenden Core Facilities. Alternativ kann man die Großgerätedatenbank der Deutschen Forschungsgemeinschaft (http://risources.dfg.de; Stand: 15.07.2014) zu Rate ziehen. Diese Datenbank gibt auch Auskunft darüber, welche Core Facilities an anderen Standorten zur Verfügung stehen und wie die entsprechenden Nutzungsanforderungen sind.

4.2.4 Infrastruktur und Ressourcen des strukturierten Promotionsprogramms

Die notwendige Infrastruktur und die Ressourcen von strukturierten Promotionsprogrammen wurden schon an anderer Stelle ausführlich vorgestellt (siehe Seite 51). Hier werden daher nur noch einmal diejenigen Faktoren aufgelistet, die Einfluss auf die Wahl des Promotionsprogramms und damit des Promotionsstandortes nehmen.

Faktoren zur Wahl des Promotionsprogramms und des Promotionsstandortes

- Ist das Promotionsprogramm personell so gut ausgestattet, dass die administrativen Aufgaben, die mit dem Bewerbungsverfahren und der ordnungsgemäßen Durchführung der Promotion verknüpft sind, zügig und einwandfrei erledigt werden können? So macht es z. B. überhaupt keinen Sinn, dass eine Graduiertenschule mit etwa 200 Doktoranden nur von einem administrativen Koordinator verwaltet wird. Andererseits reicht für die mit ca. 10–12 Doktoranden betriebenen Graduiertenkollegs der Deutschen Forschungsgemeinschaft ein Koordinator durchaus aus.
- Welche „Add-ons" bietet das Promotionsprogramm den Promovenden? Gibt es ein ausreichendes Angebot an Schlüsselkompetenz-Seminaren, gibt es ein Mobilitätsprogramm, mit dem Kongressreisen oder Praktikumsaufenthalte im Ausland finanziert werden?
- Organisiert das Promotionsprogramm wissenschaftliche Kongresse und Retreats, um die Promovenden frühzeitig in die internationale wissenschaftliche Gemeinschaft einzuführen?
- Eine weitere wichtige Frage bei der Auswahl eines Universitätsstandortes bzw. eines Promotionsprogrammes ist, ob es für Doktoranden mit Kindern entsprechende unterstützende finanzielle und ideelle Angebote gibt. So zahlen bereits viele Graduiertenschulen auf Stipendien eine Kinderzulage/einen Familienzuschlag bzw.

einen Kinderbetreuungszuschuss, insbesondere wenn sie durch die
Exzellenzinitiative oder die DFG gefördert werden. Bietet der Standort ausreichend Kindergartenplätze an und gibt es für Promovenden
mit Kindern quotierte Plätze? Gibt es während der Kongresse und
Seminare, die z. T. in den Abendstunden oder am Wochenende
stattfinden, unbürokratische Lösungen bei der Kinderbetreuung?
Wie verändern sich die Promotionszeiten im Falle der Krankheit von
Kindern oder der Schwangerschaft? In vielen Promotionsordnungen finden sich Regeln, dass eine Promotion innerhalb eines
bestimmten Zeitrahmens angefertigt werden muss. Kann dieser
Zeitrahmen aufgrund der Betreuung von Kindern verlängert werden? Wenn ja, in welchem Umfang ist diese Verlängerungsmöglichkeit an bestimmte Bedingungen geknüpft? Beispielsweise könnte es
sein, dass eine Verlängerungsmöglichkeit nur bei Kindern innerhalb
der ersten drei Lebensjahre gegeben ist, bei denen von einem besonders hohen Betreuungsaufwand ausgegangen wird. Andere Regelungen gehen möglicherweise über diesen Zeitraum hinaus. Auch
stellt sich die Frage, ob es die Möglichkeit einer „Halbtagspromotion" gibt. Auch dies müsste entsprechend in der Promotionsordnung verankert sein. Trotz der zahlreichen, sehr guten Genderprogramme (Kinderzulage, Kinderbetreuungszuschuss, Technische
Assistenz bei Schwangerschaft etc.) ist eine „Halbtagspromotion" in
den Lebenswissenschaften aus vielerlei Gründen nach wie vor
schwierig. Abgesehen davon, dass sich der für die Promotion benötigte Zeitrahmen dadurch unweigerlich verlängern muss, sollte man
sich darüber bewusst sein, dass einerseits viele Experimente auf
Protokollen aufbauen, die sehr viel längere Zeiträume veranschlagen, als halbtags zur Verfügung stehen. Mindestens ebenso problematisch ist die starke Konkurrenz zwischen den Arbeitsgruppen, die
auf vergleichbaren Themengebieten arbeiten. Es wurde bereits häufiger angedeutet, dass Forschung nur möglich ist, wenn externe
Drittmittel eingeworben werden. Diese Drittmittel erhält man allerdings nur, wenn man gut publiziert. Somit befindet sich ein Wissenschaftler in einer Art Publikations-Drittmittel-Kreis: „Ich muss publizieren, um Drittmittel zu bekommen, und ich brauche Drittmittel,
um publizieren zu können. Nur wenn ich Drittmittel eingeworben
und gut publiziert habe, werde ich Karriere machen." Wird dieser
Kreis z. B. durch fehlende Publikationen unterbrochen, hat dies
häufig nachhaltige Auswirkungen auf die wissenschaftliche Gesamtleistung einer Arbeitsgruppe oder eines Instituts. Steht einem Promovenden aufgrund einer Halbtagspromotion nicht ausreichend
Zeit für die Experimente zur Verfügung, kann dies zur Unterbrechung des Publikations-Drittmittel-Kreises führen. Dies ist ein
intrinsisches Problem der Biowissenschaften. Lösungen bieten hier
zur Zeit nur Programme, die eine ausreichende Kinderbetreuung
auch in den Abendstunden und an Wochenenden zur Verfügung
stellen.

Genderprogramme

4.3 Persönliche Faktoren

4.3.1 Das Verhältnis zwischen Betreuer und Doktorand

Bei der Vorbereitung auf ein Bewerbungsgespräch sollte man sich über die möglichen Kriterien eines Betreuers hinsichtlich der Auswahl eines Kandidaten Gedanken machen. Betreuer sind an der zügigen und erfolgreichen Durchführung eines von ihnen etablierten Projektes interessiert. Somit kann das Vorwissen eines Kandidaten hinsichtlich einer bestimmten wissenschaftlichen Thematik oder das von ihm beherrschte Methodenrepertoire für den zukünftigen Betreuer von besonderer Bedeutung sein. In der Regel wird insbesondere letzteres durch die bestandene Masterarbeit nachgewiesen. Unabhängig von diesen beiden Punkten ist es für den Betreuer sehr wichtig, die Fähigkeit zum unabhängigen kritischen wissenschaftlichen Denken zu überprüfen. Entsprechend sollte man während eines Bewerbungsgesprächs mit solchen Fragen rechnen bzw. auf solche Fragen positiv und offen reagieren. So wird es z. B. von Betreuern sehr hoch eingeschätzt, wenn ein Bewerber die Frage hinsichtlich einer experimentellen Strategie bzw. Herangehensweise verschiedene Optionen kritisch diskutieren kann, Vor- und Nachteile der von ihm verwendeten Methoden kennt bzw. verständlich erläutern kann. Daraus ergibt sich,

Während eines Vorstellungsgesprächs offen und proaktiv agieren

dass man während eines Vorstellungsgespräches offen und proaktiv agieren sollte und nicht defensiv und verschlossen ist. Selbstverständliche bedeutet „offen und proaktiv" nicht, dem Fragesteller permanent ins Wort zu fallen, da dies häufig ein Zeichen von übersteigertem und nicht angebrachtem Selbstbewusstsein ist.

Optimales Betreuungsverhältnis

Ein optimales Betreuungsverhältnis entsteht insbesondere dann, wenn die gegenseitigen Erwartungen zur Deckung gebracht werden können. Wenn ein Doktorand eine intensive Betreuung benötigt, bedeutet dies zugleich, dass der Betreuer entsprechende zeitliche Ressourcen zur Verfügung haben muss. Umgekehrt sind für einen Betreuer mit nur wenigen zeitlichen Ressourcen Doktoranden von Vorteil, die schon zu Beginn ihrer Promotion sehr eigenständig arbeiten können. Dies zeigt, dass eine optimale Betreuung eine ausgewogene Balance zeitlicher Erwartungen verlangt. Zur Realisierung der Betreuungszeit ist es empfehlenswert, zu Beginn einer Promotion regelmäßige Termine zur Besprechung des Projektes durchzuführen. Dies kann einerseits in Arbeitsgruppenbesprechungen, andererseits aber auch in persönlichen Gesprächen zwischen Betreuer und Doktorand stattfinden. Wichtig ist, dass diese Termine verbindlich vereinbart werden. Darüber hinaus ist – wie weiter oben schon angeführt – von Seiten des Betreuers zu klären, welche Personen in der Arbeitsgruppe als direkte Ansprechpartner dem Promovenden verantwortlich zur Verfügung stehen. Eine klare Zuordnung wird von Doktoranden nicht nur oft dankbar angenommen, sondern auch erwartet. Umge-

Unklare Betreuungsverhältnisse

kehrt lässt sich festhalten, dass unklare Betreuungsverhältnisse, bei denen nicht definiert ist, wer im Labor für Fragen unmittelbar zur Verfügung steht, zu Unsicherheiten bei den Doktoranden führt und in der Folge zu Missstimmungen und einer erhöhten Abbrecherquote. Da die Zeit bei Betreuungsverhältnissen ein limitierender Faktor ist, sollte zudem jeder Betreuer ständig hinterfragen, welche Kapazitäten er zur Betreuung eines Doktoranden zur Verfügung hat und ggf. seine Betreuungsverhältnisse limitieren.

An dieser Stelle muss betont werden, dass eine sichere Beurteilung des Verhältnisses zwischen Betreuer und Doktorand und damit die Frage, „ob die Chemie zwischen den Beteiligten stimmt", erst nach einigen Monaten in der Arbeitsgruppe möglich ist. Erfreulicherweise trifft dies nach unseren Erfahrungen aus einer mehrjährigen Leitung einer Graduiertenschule mit bisher mehr als 300 Doktoranden in den meisten Fällen zu. Falls die Chemie nicht stimmt, stellt sich die Frage, ob in diesem Fall die Chance auf eine Promotion vertan ist. Sicherlich nicht, denn man kann auch als Doktorand aktiv dagegen angehen. Missstimmungen im Betreuungsverhältnis müssen in einem persönlichen und vertraulichen Gespräch frühzeitig, offen und ehrlich mit dem Betreuer angesprochen werden. Ein Abwarten auf Verbesserung nutzt nichts, sondern führt vielfach nur zu einer Verschlechterung der Gesamtsituation und Frust auf Seiten des Doktoranden. Solche Gespräche sollten in einer ruhigen und neutralen Atmosphäre sowie frei von Termindruck, der häufig auf Seiten des Betreuers besteht, durchgeführt werden. Um zielgerichtet zu einem positiven Ende für beide Beteiligte zu kommen, müssen beide Seiten und damit auch der Doktorand, Kompromissbereitschaft zeigen. Es ist klar, dass ein Arbeitsgruppen- oder Institutsleiter zahlreiche Aufgaben hat, angefangen bei Vorlesungen, über die Mitarbeit in den akademischen Gremien der Universität, das Einwerben von Drittmitteln durch aufwendige Antragstellungen bis hin zum Schreiben von Publikationen. Diese grobe Auflistung macht schon deutlich, dass der Terminkalender der meisten Betreuer prall gefüllt ist. Manchmal werden zudem Treffen anberaumt, auf die der Betreuer keinen zeitlichen Einfluss nehmen kann. Ein Doktorand sollte daher Verständnis dafür haben, wenn ein Besprechungstermin einmal verlegt werden muss.

Völlig anders ist die Situation, wenn sich in den ersten Monaten herausstellt, dass die Herangehensweise und Ideen an/für das Thema zu unterschiedlich sind und dass sie nicht zwischen Betreuer und Doktorand in Einklang zu bringen sind. Ein klassisches Beispiel hierfür ist, dass ein Betreuer eine Hypothese durch eine bestimmte Methode bestätigt sehen möchte, diese Methode aber – obgleich angeblich im Labor etabliert oder in der Literatur als einfach beschrieben – in den Händen des Doktoranden nicht funktioniert. In diesen Fällen kann es manchmal für den Doktoranden schwierig sein, den Betreuer zu überzeugen, dass die angedachte Hypothese falsch ist oder zumindest Schwächen aufweist. Dieser Unterschied in der Erwartungshaltung des Betreuers und den experimentellen Ergebnissen des Doktoranden können manchmal unüberbrückbare Differen-

Missstimmungen im Betreuungsverhältnis offen ansprechen

zen verursachen. In solchen Fällen, die auch nach Gesprächen mit externen Mentoren, als unüberbrückbar erscheinen, kann der Ratschlag nur sein, sich frühzeitig nach einem neuen Promotionsprojekt umzusehen. Hier gilt in der Tat das Wort „frühzeitig". Denn jeder Tag, den man an seinem ungeliebten Promotionsprojekt weiterarbeitet, ist ein verschenkter Tag. Ein Abbruch eines Promotionsprojektes sollte im ersten halben Jahr erfolgen und nicht erst, wenn man im dritten Promotionsjahr ist. Sieht man solche Probleme auf sich zukommen, sollte man frühzeitig ein Beratungsgespräch mit den Programmverantwortlichen suchen. Viele strukturierte Promotionsprogramme und Graduiertenschulen haben die hierfür notwendigen Strukturen etabliert und können mit Rat und Tat helfen. Im Falle einer Individualpromotion ist die Situation dagegen schwieriger, da man häufig auf den ersten Blick keinen unabhängigen Ansprechpartner hat. Allerdings kann man in diesen Fällen an den Promotionsausschuss herantreten oder die allgemeine Studierendenberatung der Universität befragen.

4.3.2 Stimmung in der Arbeitsgruppe

Im Zuge des Bewerbungsgesprächs ist es auf jeden Fall sinnvoll, die Labore des Betreuers zu besuchen und hier mit anderen Doktoranden, den Postdoktoranden und den technischen Mitarbeitern zu spre-

Stimmung und Funktionalität der Arbeitsgruppe

chen. So gewinnt man einen groben Überblick über die Stimmung und die Funktionalität der Arbeitsgruppe. Hierbei helfen einige ganz triviale Fragen: Wie häufig und in welcher Form werden die Laborbesprechungen und Institutsseminare durchgeführt? Wie viele Doktoranden sind in der Arbeitsgruppe? Gibt es Promotionsabbrecher? Was ist aus den Promovenden geworden, die ihre Arbeit erfolgreich abgeschlossen haben? Wie ist der tägliche Ablauf im Labor und der Zugang zu bestimmten Räumlichkeiten (z. B. Zellkulturlabor) oder Geräten (z. B. PCR-Maschine) geregelt? Gibt es gemeinsame soziale Aktivitäten? Allerdings muss man sich darüber im Klaren sein, dass man ein exaktes Bild über die Stimmung in der Arbeitsgruppe erst bekommt, wenn man einige Wochen oder Monate Mitglied ist. Es ist klar, dass es in den meist beengten Laborräumen und bei einigen stark frequentierten Geräten zu Streitigkeiten und Engpässen kommen kann. Hier sind Toleranz und eine gute und frühzeitige Versuchsplanung gefordert, um solche Konflikte weitgehend zu vermeiden.

4.3.3 Stimmung im Promotionsprogramm

Würde man eine Reihung vornehmen, dann ist die Stimmung im Promotionsprogramm der am wenigsten wichtige Faktor für die Auswahl eines Promotionsprogramms, da die Interaktionen mit den Mitgliedern des Promotionsprogramms oder der Graduiertenschule in der Regel nicht so eng sind wie die mit dem/den Betreuer/n oder den

Mitgliedern des betreuenden Instituts/der Arbeitsgruppe. Eine gut funktionierende Administration eines Promotionsprogramms ist wichtig für die zügige und aus verwaltungstechnischer Sicht problemlose Durchführung der Promotion. Sie entscheidet aber nicht über die Qualität der Promotion und das Wohlbefinden des Doktoranden. Ein gutes Verhältnis zu seinem Betreuer und seiner Arbeitsgruppe ist hier deutlich wichtiger, zumal man einen Großteil des Tages mit diesen Personen verbringt. Und es ist eine ganz einfache Regel: Je lieber man in ein Labor geht, desto motivierter und erfolgreicher ist man.

Einen groben Überblick über die Stimmung in einem Promotionsprogramm bekommt man, wenn man den Kontakt zu den Studierendensprechern, den anderen Doktoranden und zu den Alumnis sucht. Sind die Koordinatoren und die Verantwortlichen des Programms freundlich und hilfreich, auch bei Fragen, die über das eigentliche Promotionsprogramm hinausgehen? Fragen zur Wohnungssuche und (Kranken-)Versicherung für Doktoranden sind durchaus zulässig und sollten fachkundig beantwortet werden können. In diesem Fall kann „fachkundig" durchaus bedeuten, dass die Anfragen an die geeigneten Stellen zur weiteren Auskunft oder Bearbeitung weitergeleitet werden, da insbesondere in komplexen rechtlichen Fragen rechtssichere Auskünfte nur von entsprechend geschulten Mitarbeitern der Rechtsabteilungen der Universitäten gegeben werden können.

Kontakt zu Studierendensprechern, anderen Doktoranden und Alumnis suchen

An dieser Stelle muss betont werden, dass die Stimmung im Promotionsprogramm von den Doktoranden entscheidend mitprägt werden muss. Hier ist Eigeninitiative gefragt, da die Leiter des Programms nur wenig Einfluss darauf haben bzw. nehmen können. Gelingt es z. B. einen regelmäßigen Stammtisch zu etablieren, um soziale Kontakte außerhalb des Labors aufzubauen? Dies ist besonders wichtig, damit z. B. ausländische Doktoranden aus fremden Kulturkreisen oder Doktoranden, die einen Ortswechsel zur Promotion durchführen mussten und damit fremd in der Stadt sind, nicht in eine Isolation geraten. Bietet das Promotionsprogramm oder die Graduiertenschule gemeinsame soziale Veranstaltungen wie Weihnachtsfeiern, Sommerfeste, Ausflüge, Sportaktivitäten oder auf die oben angesprochenen Gruppen abgestimmte Mentorateprogramme an? Alle diese Dinge können und sollten von Doktoranden angeregt und organisiert werden.

Eigeninitiative

Auch das Verhältnis von Doktoranden zu den Organisatoren des Promotionsprogramms sollte von Freundlichkeit geprägt sein. Die Koordinatoren und Koordinatorinnen werden sicherlich gerne und schnell Auskünfte zu wichtigen Fragen geben. Allerdings haben die Mitarbeiter z. B. einer Graduiertenschule zahlreiche organisatorische und administrative Aufgaben, die die Doktoranden nicht wahrnehmen (können). Somit kann die Beantwortung einer per E-Mail gestellten Frage manchmal etwas dauern. Hier sind Telefonate meist viel einfacher, schneller und kommunikativer. Man bedenke nur die Zeit, die die schriftliche Beantwortung einer Frage per E-Mail kostet. Viele

Programme bieten fixe Sprechzeiten an. Doktoranden sollten diese Sprechzeiten nutzen und nicht wegen jeder Kleinigkeit in die Büros der Graduiertenschule gehen. Dies stört den Tagesablauf und das zielgerichtete, meist unter Zeitdruck stehende Arbeiten der Mitarbeiter dramatisch. Es gibt zwar dringende Fragen, deren Beantwortung keinerlei Aufschub zulassen, jedoch sollten sich Doktoranden immer hinterfragen: (a) Ist die Frage bereits durch eine der Publikationen des Programms beantwortet und kann ich die Antwort dort nicht selber finden? (b) Hat die Beantwortung der Frage Zeit bis zur regulären Sprechstunde?

Checkliste Betreuung

- Welches Thema finde ich für eine Promotion interessant?
- Welche Aspekte stehen bei der Auswahl einer Arbeitsgruppe für mich im Vordergrund?
- Ist die ausgewählte Arbeitsgruppe international ausgewiesen?
- Wie ist die Struktur der Arbeitsgruppe?
- Welche Rückschlüsse kann ich auf das Betreuungsverhältnis ziehen?
- Brauche ich eine eher intensive Betreuung oder arbeite ich lieber ohne all zu enge Vorgaben?
- Wie ist die Stelle finanziert?
- Wie hoch ist mein zu erwartendes Gehalt/Stipendium?
- Wie lange ist die Finanzierung der Stelle und des Projektes gesichert?
- Gibt es am Standort ein strukturiertes Promotionsprogramm?
- Wie erfolgt der Auswahlprozess in diesem Promotionsprogramm?
- Gibt es in der Arbeitsgruppe eine strukturierte Betreuung (Progress Report, Journal Club, Jahresgespräche, Mitarbeitergespräche etc.)?
- Gibt es eine schriftliche Betreuungsvereinbarung?
- Ist die schriftliche Ausarbeitung eines Projektplans vorgesehen?
- Welche Personen sind verantwortlich für meine Betreuung?
- Gibt es am Standort besondere Angebote für Doktoranden mit Kindern?

Weiterführende Literatur

Citation Report im Web of Knowledge: http://apps.webofknowledge.com/WOS_GeneralSearch_input.do?product=WOS&SID=R2kt9nvtZ wXDQ9oMU1n&search_mode=GeneralSearch; Stand: 15.07.2014.

Deutsche Forschungsgemeinschaft – Geförderte Projekte Informationssystem GEPRIS: http://gepris.dfg.de/gepris/OCTOPUS/;jsessionid=B559924D3 007B37B9ECD661414655DB1?module=gepris; Stand: 12.06.2014.

Deutsche Forschungsgemeinschaft – Forschungsstipendien: http://www.dfg.de/foerderung/programme/einzelfoerderung/forschungsstipendien/index.html; Stand: 21.03.2014.

Deutschen Forschungsgemeinschaft – Portal für Forschungsinfrastruktur RIsources: http://risources.dfg.de; Stand: 15.07.2014.

Dong, P., M. Loh und A. Mondry (2005): The „impact factor" revisited. Biomedical Digital Libraries, 2:7, doi: 10.1186/1742-5581-2-7.

Nature editorial (2005): Not-so deep impact. 435: 1003–1004.

National Center for Biotechnology Information (NCBI): http://www.ncbi.nlm.nih.gov/pubmed; Stand: 12.06.2014.

Research in Germany: http://www.research-in-germany.de; Stand: 12.06.2014.

Web of Knowledge der Firma Thomson Reuters: http://wokinfo.com/#; Stand: 12.06.2014.

5 Strukturiert promovieren: Die Promotion als Projekt

„Ans Ziel kommt nur, wer eins hat." – *Martin Luther*

Inhalt

Promovenden sollten die Arbeit an ihrer Promotion strukturieren, um zielgerichtet und ohne große Verzögerungen die Promotionsphase zu durchlaufen. Eine strukturierte Promotion ist durchaus unabhängig von der Teilnahme an strukturierten Promotionsprogrammen möglich. Der einzige, wenn auch signifikante Unterschiede ist, dass in den strukturierten Programmen die Rahmenbedingungen enger vorgegeben sind, wogegen dieses Grundgerüst in einer Einzelpromotion vom Doktoranden selber in Verbindung mit dem Betreuer etabliert werden muss. Beides hat Vor- und Nachteile. In einem strukturierten Programm werden die Kandidaten zielgerichtet unter distinkten zeitlichen Vorgaben durch bestimmte Bausteine zur Promotion geführt. Die Wahlmöglichkeiten innerhalb dieser Bausteine sind häufig begrenzt. Vielfach fällt daher in diesem Zusammenhang auch der Begriff der „verschulten Promotion". Man beachte in diesem Zusammenhang allerdings, dass dies ausschließlich die Struktur der Promotion betrifft. Die (erwartete) thematisch-intellektuelle Leistung und das Engagement des Doktoranden sind sehr hoch, aufgrund des Zeitdrucks wahrscheinlich sogar höher als in einer Einzelpromotion. Sowohl die Einzelpromotion als auch die Promotion in einem strukturierten Programm kann und sollte vom Kandidaten als Projekt betrachtet werden. Methoden des Projektmanagements, des Zeitmanagements, des Selbstmanagements und der Qualitätskontrolle kommen dabei zum Einsatz und erleichtern die Organisation. In ihrer Gesamtheit dienen diese Methoden dazu, Ziele zu definieren, die für eine erfolgreiche Promotion erreicht werden müssen, und Wege aufzuzeigen, wie diese erreicht werden können.

5.1 Die Planung eines Projektes

Der zukünftige Doktorand sollte seine wissenschaftliche Arbeit als klassisches Projekt betrachten, auf das – mit einigen Abstrichen – alle Parameter des Projektmanagements zutreffen. Ein Projekt ist laut Definition ein „Vorhaben, das im Wesentlichen durch die Einmaligkeit der Bedingungen in ihrer Gesamtheit gekennzeichnet ist, wie z. B. die Zielvorgabe, zeitliche, finanzielle, personelle oder andere Bedingungen sowie die Abgrenzung gegenüber anderen Vorgaben" (DIN 69901 „Projektwirtschaft, Projektmanagement"). Zudem weist eine Promotion alle Phasen des „Project Management Life Cycles" auf, mit einer Initiierungsphase, der Planungsphase, der Durchführungsphase und der Abschlussphase, meist allerdings in einer adaptierten Form (siehe Abbildung 4). Dies bedeutet, dass sich im Gegensatz zum klassischen Projektmanagement im Verlauf des Projektes die Ziele verändern können (Austin 2002). Dies liegt daran, dass Wissenschaft hypothesengetrieben ist, sich diese Hypothesen aber aufgrund der durchgeführten Experimente und aktueller Literaturdaten verändern können. Anders ausgedrückt: Es ist durchaus wahrscheinlich, dass man während der Ausführungsphase in die Planungsphase zurückspringen muss, die Hypothesen überdenken und ggfs. modifizierte Ziele definieren muss. Somit befindet sich der Doktorand in einer Art Zyklus bestehend aus Hypothesen generieren, bestätigen oder verwerfen und neue Hypothesen aufstellen. Diese „Evolution eines Projektes" ist für viele Doktoranden zunächst schwierig zu verstehen, da sie lieber eine klare und unveränderliche Zielvorgabe mögen. Es ist jedoch eine sehr wichtige Erfahrung für das spätere Berufsleben in der Wissenschaft, dass Wissen auf diese Art und Weise gewonnen wird.

Project Management Life Cycle

Die Betrachtung der Promotion aus der Projektmanagementperspektive kann für den Promovenden sehr hilfreich sein, insbesondere unter dem Gesichtspunkt des Zeitmanagements und der Kommunikation. Die Erfahrung lehrt, dass Doktoranden aus verschiedenen Gründen, insbesondere Fehlplanungen, immer wieder in zeitlichen Verzug bezüglich ihres Vorhabens geraten können und dass die Kommunikation mit Betreuern, Kommilitonen und den anderen Labormitgliedern vernachlässigt wird. Um hier Hilfestellungen geben zu können, soll in den nachfolgenden Kapiteln eine Promotion aus dem Blickwinkel des Projektmanagers – also dem zukünftigen Doktoranden – beleuchtet werden. Dabei sollte man sich aber immer im Klaren darüber sein, dass – wie vorher beschrieben – das wissenschaftliche Ziel des Projekts zwar anfangs definiert wird, sich aber im Verlauf einer Promotion ändern kann. Eine Hypothese kann nach experimenteller Prüfung als wahr angenommen oder als falsch abgelehnt werden. Konkrete wissenschaftliche Ziele können sich damit während der Promotionsphase verändern.

Zeitmanagement und Kommunikation

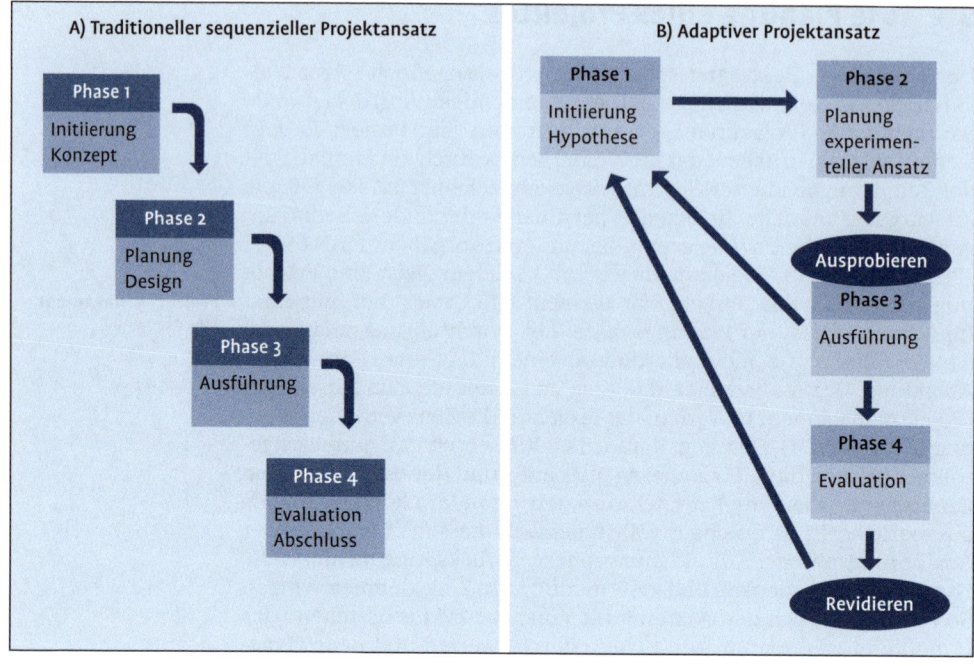

Abb. 4
Der Projektmanage-
mentzyklus
Dargestellt sind die ein-
zelnen Phasen des
Projektmanagement-
zyklus: A) Klassische,
sequenzielle Vorge-
hensweise, B) lebens-
wissenschaftliche For-
schungsprojekte adap-
tierte Vorgehensweise
(nach Austin 2002).

5.2   Der Projektplan

Der Projektplan ist ein zentraler Bestandteil der Initiierungs- und Planungsphase. Hier haben wir es schon mit zwei Besonderheiten eines
wissenschaftlichen Projektes zu tun. Während der Initiierungsphase
geht die Initiative vom zukünftigen Doktoranden aus, da er sich um
eine Promotionsstelle und auf ein bestimmtes Promotionsprojekt
bewerben wird. Die hierfür sinnvollen Auswahlkriterien sollen hier
nicht noch einmal besprochen werden. Sie werden vielmehr ausführlich in Kapitel 4 diskutiert. Auch die Projektidee steht bereits im Vorfeld fest, da sie vom Betreuer mit einer bestimmten wissenschaftlichen Hypothese und Erwartungshaltung geboren wurde. Beim
wissenschaftlichen Projektmanagement treten daher Betreuer und
zukünftiger Doktorand das erste Mal in der Phase zwei, der Planungsphase, in engen Kontakt.

Ziel der Planungsphase   Was sollte das Ziel der Planungsphase sein? Dies ist der Zeitpunkt,
an dem sich der Doktorand durch eine umfassende Literaturrecherche
mit dem theoretischen Hintergrund des Promotionsprojektes tiefer
vertraut machen muss. Darauf aufbauend wird das Projekt mit dem/
den Betreuern intensiv diskutiert, Hypothesen erörtert und Ziele definiert. Dabei sollten auch die zu verwendenden bzw. neu zu etablie-
renden Methoden diskutiert und festgelegt werden. Auch sollte

bereits diskutiert werden, wie die generierten Daten auszuwerten sind. Dazu gehört beispielsweise eine Abschätzung, wie häufig ein Experiment zu wiederholen ist und mit welchen statistischen Methoden deren Signifikanz zu erheben ist.

Als Endergebnis entsteht bei diesem Prozess der Projektplan, der schriftlich fixiert werden sollte und auch zeitliche Eckpunkte enthalten sollte. Dieser Projektplan sollte in den strukturierten Programmen regelmäßig aktualisiert und von den Thesis Advisory Committees evaluiert werden, um z. B. die Entwicklung des Doktoranden und des Projektes abschätzen zu können. Er ist ein wichtiges Werkzeug, um z. B. zu verhindern, dass sich Doktoranden in bestimmte Experimente festbeißen und deshalb im Gesamtprojekt nicht weiterkommen. In den Diskussionen mit den Betreuern sollten auch kritische Punkte hinsichtlich der Hypothesen und geplanter Methoden innerhalb des Projektes definiert und Möglichkeiten zur Lösung aufgezeichnet werden. Nicht zuletzt sollte das Ziel sein, aus dem Projektplan heraus einen Meilensteinplan aufzustellen und alternative Lösungswege für methodische Probleme vorzuschlagen.

Projektplan

Checkliste Projektplanung

- Was ist über das Thema meiner Promotion bereits bekannt?
- Wurden bereits ähnliche Fragestellungen bearbeitet?
- Sind die aufgestellten Hypothesen aufgrund der bereits publizierten Daten sinnvoll und stimmig?
- Mit welchen Experimenten kann ich meine Hypothese überprüfen und ist die dafür notwendige infrastrukturelle Ausstattung (Geräte etc.) am Institut vorhanden?
- Mit welchem zeitlichen Aufwand muss ich zur Versuchsdurchführung rechnen?
- Benötige ich einen Kooperationspartner zur Durchführung des Projektes?
- Sind zur Durchführung der Experimente Genehmigungen notwendig?
- Liegen diese Genehmigungen vor oder müssen diese eingeholt werden?
- Sind die materiellen Voraussetzungen zur Durchführung gegeben?
- Welche zeitlichen Vorgaben sind ggfs. einzuhalten?

5.3 Der Meilensteinplan und das Gantt-Diagramm

Meilensteine sind wichtige Hilfsmittel im Zeitmanagement eines Projekts. Sie definieren Zeitpunkte, an denen bestimmte Teilbereiche und -ziele innerhalb eines Projektes erreicht bzw. erledigt sein sollten. Sie dienen auch dazu, den bisherigen Fortgang des Projektes zu evaluieren. Will man heute bei der Erstellung von Forschungsanträgen, die an externe Drittmittelgeber (z. B. DFG, BMBF oder EU) gestellt werden, erfolgreich sein, müssen diese Anträge immer realistische Meilensteinpläne beinhalten. Da nach einer Promotion das Einwerben von Forschungsgeldern intrinsischer Bestandteil des zukünftigen Aufgabengebietes ist, egal ob dies an einer öffentlichen Forschungseinrichtung oder in der Industrie ist, werden die Erfahrungen, die man

Meilensteine in strukturierten Promotionsprogrammen

während der Promotion in den verschiedenen Bereichen des Projektmanagements sammelt, für die spätere Karriere sehr hilfreich sein.

In strukturierten Promotionsprogrammen sind viele Meilensteine bereits vor Antritt in das Programm festgelegt. Der Start der Promotion als wichtiger Meilenstein ist mit der Immatrikulation an die Universität fixiert. Die Promotionsprogramme definieren in ihren Ordnungen auch die Endpunkte. Bei modern strukturierten Promotionsprogrammen sind dies meistens drei Jahre mit einer Option auf einen definierten Verlängerungszeitraum. Somit sind Start und Endpunkt der Promotion zeitlich (nicht inhaltlich) von äußeren Parametern vorgegeben, auf die der Doktorand keinen oder nur sehr geringen Einfluss hat. Weitere wichtige Meilensteine sind Zwischenprüfungen und bestimmte curriculare und extracurriculare Aktivitäten, die ebenfalls vom jeweiligen Promotionsprogramm vorgegeben werden und für die einzuhaltende zeitliche Rahmen existieren. Allerdings sind die Doktoranden vielfach in der Wahl dieser Aktivitäten innerhalb eines vorgegebenen Zeitfensters zeitlich flexibel und können diese in Abhängigkeit ihrer Versuche und Experimente terminieren, so dass sie möglichst wenig Zeit an der Laborbank verlieren. Jedoch ist hierbei immer wieder zu beobachten, dass die Doktoranden zeitlich in Verzug geraten, da sie diese Aktivitäten weder frühzeitig genug noch in ausreichendem Umfang erledigen, um z. B. fristgerecht zu Meilensteinen wie Zwischenprüfungen zugelassen zu werden. Daher ist es durchaus sinnvoll, sich frühzeitig Timeslots zur Erledigung solcher Aktivitäten frei zu halten. Es ist klar, dass dies ein Spagat ist. Auf der einen Seite steht der Wunsch der Doktoranden (und auch vieler Betreuer), Experimente zügig an der Laborbank mit großer Qualität durchzuführen, um ausreichend Material für Publikationen und die Dissertation zu erhalten. Andererseits darf die Bedeutung dieser zusätzlichen Aktivitäten, die mit Bedacht von den strukturierten Promotionsprogrammen ausgesucht und angeboten werden, nicht unterschätzt werden. Ziel ist es, die Promovenden auf den Beruf nach der Disputation an Forschungseinrichtungen von Universitäten und der pharmazeuti-

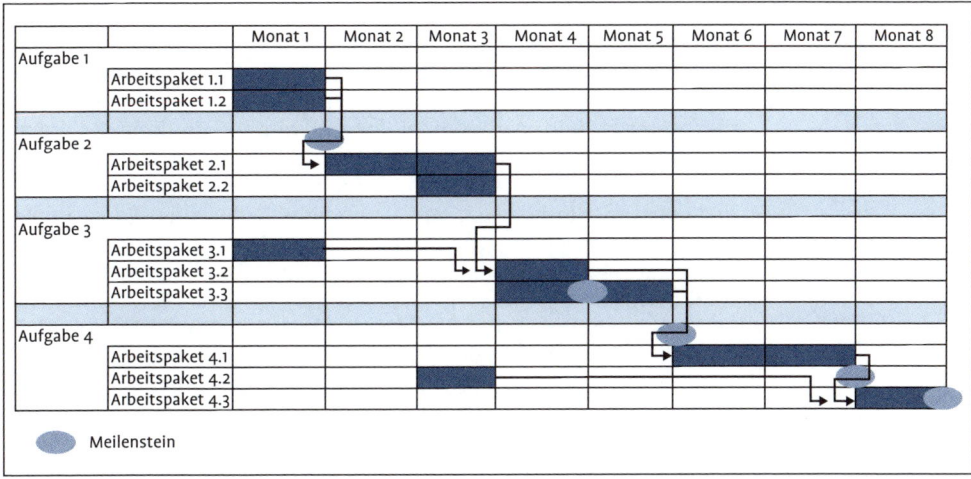

		Monat 1	Monat 2	Monat 3	Monat 4	Monat 5	Monat 6	Monat 7	Monat 8
Aufgabe 1									
	Arbeitspaket 1.1								
	Arbeitspaket 1.2								
Aufgabe 2									
	Arbeitspaket 2.1								
	Arbeitspaket 2.2								
Aufgabe 3									
	Arbeitspaket 3.1								
	Arbeitspaket 3.2								
	Arbeitspaket 3.3								
Aufgabe 4									
	Arbeitspaket 4.1								
	Arbeitspaket 4.2								
	Arbeitspaket 4.3								

Meilenstein

schen Industrie sowie in Managementberufen des Gesundheitssystems vorzubereiten. Neben einer oder mehreren guten Publikationen sind hier das Methodenrepertoire und bestimmte Zusatzqualifikationen von besonderem Interesse. Hierzu gehören u. a. Seminare zur guten wissenschaftlichen Praxis, zum Projektmanagement, zum Patentrecht und Kurse zur Sicherheit in der Gentechnik (siehe Kapitel 8 und 9).

Meilensteine und die Dauer von Arbeitspaketen werden im Projektmanagement in Gantt-Diagrammen dokumentiert. Gantt-Diagramme sind Balkendiagramme, die die Arbeitspakete, den Projektverlauf und die Meilensteine in Abhängigkeit von der Zeit graphisch darstellen. Sie sind ein wichtiges und sehr gebräuchliches Hilfsmittel im Zeitmanagement von Projekten und gehen auf den Maschinenbauingenieur und Unternehmensberater Henry L. Gantt (1861–1919) zurück, der diese Form der Balkendiagramme (progress charts) erstmals für Zwecke der Leistungskontrolle im Schiffbau einsetzte. Veranschaulicht man die Promotion durch ein Gantt-Diagramm sind einige wichtige Meilensteine als Eckpunkte fixiert. Hierzu zählen der Startpunkt, der früheste und der späteste Abgabetermin und durch das strukturierte Promotionsprogramm vorgegebene Termine wie z. B. Zwischenprüfungen. Aufgrund dieser Randbedingungen ist es sinnvoll, sich über weitere wichtige Meilensteine klar zu werden, wobei diese aufgrund der adaptiven Vorgehensweise durchaus flexibel gehandhabt werden können. Hierzu zählen z. B. Treffen mit dem Zweit- und Drittbetreuen.

Ein ganz entscheidender Punkt ist die Frage: Wann fange ich an, meine Dissertation zusammenzuschreiben, damit die Korrekturphasen durch die Betreuer noch innerhalb des durch das Programm vorgegebenen Zeitfensters problemlos erledigt werden können? Gerade

Abb. 5
Das Gantt-Diagramm. Dargestellt ist ein hypothetisches Gantt-Diagramm mit Meilensteinen und Abhängigkeiten der Arbeitspakete voneinander.

Gantt-Diagramme

die Phase des Zusammenschreibens und der Korrekturen wird von vielen Promovenden deutlich unterschätzt. Und viele damit verbundene Probleme können durch ein gutes und effizientes Zeitmanagement verhindert werden. Es empfiehlt sich z. B., einige Textblöcke wie den Material- und Methodenteil bereits während der Zeit des praktischen Arbeitens parallel „peu-à-peu" zu schrieben. In diesem Zusammenhang ist die Erstellung von Abbildungen, welche die Ergebnisse der Experimente belegen, von besonderer Bedeutung. Es ist immer wieder zu beobachten, dass Doktoranden in der Endphase ihrer Arbeit bestimmte Experimente wiederholen, ausschließlich um bessere Abbildungen zu generieren. Dadurch geraten sie in Verzug, was die Fertigstellung ihrer Arbeit betrifft. Hier kann die Empfehlung nur lauten, (1) solche „Schönheitsabbildungen" bereits frühzeitig, bei der ersten Durchführung der Experimente zu machen und (2) sich genau zu überlegen, ob und welche Experimente aus ästhetischen Überlegungen gegen Ende der Arbeit wiederholt werden müssen. Zweifelsfrei ist die klare bildliche Darstellung von Schlüsselexperimenten von großer Bedeutung auch für die Benotung der Arbeit und der daraus resultierenden Publikation. Andererseits muss nicht jedes Foto aller PCRs oder Western Blots den höchsten ästhetischen Standards entsprechen, solange die Ergebnisse eindeutig erkennbar und interpretierbar sind.

5.4 Verlaufskontrolle

Wesentliches Element des Projektmanagements ist eine Verlaufskontrolle (siehe auch Qualitätsmanagement, Seite 109). Im Rahmen der Verlaufskontrolle sollte in regelmäßigen Abständen überprüft werden, ob sich das Projekt noch entsprechend den definierten und formulierten Meilensteinen entwickelt oder ob es im Verlaufe des Projektes zu Änderungen gekommen ist, die zu einer Neuformulierung von Meilensteinen und zeitlichen Zielen führen müssen. Im Rahmen wissenschaftlicher Projekte kann auch durchaus der Fall eintreten, dass ein Projekt vollständig aufgegeben wird, da sich die zugrunde gelegte Hypothese als falsch erwiesen hat oder die Konkurrenz ein Projekt schneller abschließen konnte. Außerdem können sich Rahmenbedingungen wie beispielsweise der zur Verfügung stehende Finanzrahmen ändern. Der Projektplan, die formulierten Meilensteine und das Gantt-Diagramm sollten daher von Zeit zu Zeit überprüft und ggfs. aktualisiert werden. Im Rahmen eines strukturierten Promotionsprogramms wäre ein optimaler Zeitpunkt zur Überprüfung vor den Treffen mit den Thesis Advisory Committees sowie unmittelbar danach.

Meilensteine regelmäßig überprüfen

> **Checkliste Verlaufskontrolle**
> - Konnte ich meine zeitlichen Vorstellungen oder Vorgaben einhalten?
> - Gab es technische Probleme bei der Durchführung der Experimente?
> - Unterstützen die erhaltenen Daten meine Hypothese oder muss ich diese verwerfen?
> - Wie hat sich das wissenschaftliche Feld in der Zwischenzeit entwickelt?
> - Muss der Projektplan modifiziert werden?

5.5 Die Abschlussphase I: Die Veröffentlichung der wissenschaftlichen Arbeit

5.5.1 Die Bedeutung wissenschaftlicher Publikationen

Die Veröffentlichung von Forschungsergebnissen ist von zentraler Bedeutung für die Wissenschaft. Durch die Veröffentlichung verlassen die Daten den Ort ihres Entstehens und werden der wissenschaftlichen Gemeinschaft und der Öffentlichkeit zugänglich und nutzbar gemacht. Mit Hilfe von Veröffentlichungen legen Wissenschaftler Rechenschaft ab über ihre Arbeit gegenüber ihrem Geldgeber und damit in vielen Fällen auch gegenüber der Gemeinschaft der Steuerzahler. Veröffentlichungen sind zugleich der Nachweis über die Leistungsfähigkeit eines Wissenschaftlers bzw. der zugehörigen Arbeitsgruppe und somit extrem wichtig für die Einwerbung von Forschungsgeldern. Veröffentlichungen legen auch Nachweis darüber ab, wer zuerst eine bestimmte Erkenntnis erzielen und verifizieren konnte. Mit der Autorschaft machen Wissenschaftler deutlich, wer zu bestimmten Erkenntnissen einen wesentlichen Beitrag geleistet hat und in welcher Funktion dies geschehen ist. Publikationslisten sind im akademischen Betrieb zugleich immens wichtig bei der Auswahl von Kandidaten für Gruppenleiterstellen oder auch bei der Besetzung von Professuren. Zugleich übernehmen Autoren Verantwortung für die Ergebnisse, die Teil einer Publikation sind. Daraus ergeben sich verschiedene Verpflichtungen aller Beteiligten und zugleich mögliche Konfliktpunkte.

Eine gute Publikation zeichnet sich dadurch aus, dass die dort erzielten Befunde neu sind, dass sie das bestehende Wissen zum Zeitpunkt der Veröffentlichung nach bestem Wissen und Gewissen korrekt wiedergeben und damit die Arbeiten anderer korrekt zitiert werden, die dargestellten Ergebnisse ausreichen reproduziert und validiert worden sind und das Vorgehen bei der Entstehung dieser Daten so detailliert dargestellt wird, dass auch andere Forscher dies nachvollziehen und ggfs. reproduzieren können. Optimal wäre es, wenn

Schlüsselbefunde einer Publikation mit verschiedenen unabhängigen Methoden erhoben werden konnten und sich diese Ergebnisse gegenseitig stützen. Auch die Verwendung verschiedener experimenteller Modellsysteme, die identische Befunde liefern, stärken die Qualität einer wissenschaftlichen Publikation.

Peer-Review-Verfahren

Ziel eines jeden Promovenden muss es daher sein, die Ergebnisse seiner Arbeit in Form einer oder mehrerer Veröffentlichungen in internationalen Peer-Reviewed Journalen zu publizieren. Bei Peer-Reviewed Journalen werden die eingereichten Manuskripte von zwei oder mehreren Wissenschaftlern, die vom Editorial Board der Zeitschrift bestimmt werden, begutachtet und damit einer externen Qualitätskontrolle unterworfen. Darüber hinaus erfordern viele strukturierte Promotionsprogramme und Prüfungsordnungen, dass zur Abgabe der Dissertation zumindest eine Originalarbeit in Erstautorschaft vorliegt. Andererseits sind diese Publikationen unter dem Gesichtspunkt der weiteren Karriere – sei es als Postdoc in einer wissenschaftlichen Einrichtung oder als Mitarbeiter der pharmazeutischen Industrie – sehr wichtig. Diese Publikation ist letztendlich der Fähigkeitsnachweis einer eigenständigen und selbstverantwortlichen wissenschaftlichen Tätigkeit. Weiterhin sind solche Publikationen von enormer Wichtigkeit für den Institutsleiter, das Institut und die Fakultät bzw. den Fachbereich. Sie sind wichtig, um erfolgreich Drittmittel einzuwerben, durch die in den meisten Fällen ein Großteil der wissenschaftlichen Projekte und der (Nachwuchs-)Wissenschaftler des jeweiligen Instituts finanziert werden. Zudem muss man wissen, dass in vielen Bundesländern das Budget der Institute/Kliniken eine Leistungskomponente enthält – die sogenannte Leistungsorientierte Mittelvergabe –, die zu einem Teil von der Publikationsleistung und der Menge der eingeworbenen Drittmittel abhängig ist. In einigen Bundesländern wird zudem ein bestimmter Teil des Zuführungsbetrages für die Medizinischen Fakultäten, mit dem sie Forschung und Lehre, Infrastruktur und Personal finanzieren, ebenfalls vergleichend zwischen den Medizinischen Fakultäten vergeben. Auch hier spielt der Publikationserfolg eine entscheidende Rolle. Zusammenfassend kann man also festhalten, dass die Publikationen, die aus einer Promotionsarbeit entstehen, von großer Bedeutung für die Karriere des jeweiligen Doktoranden sind, andererseits aber auch direkte finanzielle Auswirkungen für die Institute und den Fachbereich haben. Dies verdeutlicht, welch hohen Stellenwert das Publizieren in der biomedizinischen Forschung heute hat. Als wichtiges, wenn auch umstrittenes Qualitätskriterium für eine Publikation in der Biomedizin wird heute vor allem der Impact Factor herangezogen, der schon in Kapitel 4 eingeführt wurde und deren Vor- und Nachteile dort ausführlich diskutiert worden sind (siehe Seite 72).

Für das Projektmanagement einer Promotion bedeutet dies, dass im Projektplan mit seinen Meilensteinen und im zugehörigen Gantt-Diagramm ausreichend Zeit für das Erstellen einer Publikation zu berücksichtigen ist. Wie groß ist der dafür zu veranschlagende Zeitraum? Diese Frage ist nur sehr schwierig zu beantworten. Dies soll an einem Beispiel verdeutlicht werden.

5.5.2 Der Publikationsprozess: Implikationen für das eigene Zeitmanagement

Im Rahmen des Zeitmanagements während der Promotionsphase macht es durchaus Sinn, sich mit dem zeitlichen Ablauf des Publikationsprozesses auseinanderzusetzen, um die nötigen Zeitkontingente im Projekt- und Meilensteinplan einzuplanen. Dies wird häufig unterschätzt, insbesondere wenn eine Publikation bei mehreren Zeitschriften sequenziell eingereicht werden muss, bevor diese angenommen wird.

Aus welchen Phasen setzt sich der Publikationsprozess zusammen? Nach der Gewinnung experimenteller Daten und deren Auswertung kommt der Wissenschaftler bzw. die Arbeitsgruppe eines Wissenschaftlers zu dem Entschluss, diese der wissenschaftlichen Gemeinschaft zur Verfügung zu stellen. Es wird beschlossen, ein Manuskript zu verfassen und bei einer Zeitschrift, einem Verlag oder in einigen Fächern auch bei einer Konferenz zur Publikation einzureichen. Wesentlich in diesem Zusammenhang ist die Auswahl eines geeigneten Journals. Dies erfolgt meist durch den Betreuer oder nach Diskussion der wesentlichen Beteiligten an einer geplanten Publikation.

Dauer des Publikationsprozesses

Bis zur Veröffentlichung dieses Forschungsberichtes werden mehrere Phasen durchlaufen. Dies beginnt zunächst mit dem Abfassen der Publikation. Hier müssen verschiedene Fragen beantwortet werden:
- Wie werden die erhobenen Daten dargestellt?
- Wie werden diese in Abbildungen zusammengefasst?
- Wie umfangreich können die Ergebnisse dargestellt werden?
- Wie intensiv können sie diskutiert werden?
- Sind ggfs. rechtliche Rahmenbedingungen der Publikation zu beachten?
- Wer wird Autor einer Publikation?

Nach dem Verfassen eines ersten Entwurfs, der häufig durch den Doktoranden erfolgt, muss das Manuskript in mehreren Abstimmungsrunden von allen Autoren gelesen, korrigiert, ergänzt und letztlich in seiner finalen Form gebilligt werden.

Anschließend erfolgt das Einreichen bei einem wissenschaftlichen Publikationsorgan. Editoren dieser Verlage beurteilen in der Regel zunächst, ob die eingereichte Arbeit einen signifikanten wissenschaftlichen Fortschritt darstellt und ob die Arbeit in der ausgewählten Zeitschrift thematisch einen Platz finden kann. Wird dies von den Editoren verneint, erfolgt umgehen eine Ablehnung des Manuskripts, so dass die Autoren es bei einem anderen Verlag einreichen können. Dies bedeutet, dass ggfs. eine Umformatierung des Manuskripts, eine Kürzung und andere Darstellung der Bilder notwendig wird, um in die Form der ausgewählten Zeitschrift zu passen. Dies verdeutlicht, wie wichtig es ist, die richtige Zeitschrift auszuwählen, um die gerade genannten, zum Teil recht zeitaufwendigen Schritte zu vermeiden. In der Regel ist das Einreichen eines Manuskripts bei mehreren Zeitschriften gleichzeitig nicht gestattet und wird im Rahmen des Einreichprozesses von den Zeitschriften hinterfragt. Kommt nach der Erscheinung der Editor hingegen zu einer positiven Entscheidung bezüglich der generellen Eignung eines Manuskripts, wird dieses an mehrere Gutachter verschickt, die innerhalb eines vorgegebenen zeitlichen Rahmens die Arbeit bewerten sollen. In der Regel kann dieses Zeitfenster mit einem Mittelwert von 4 Wochen veranschlagt werden. Ausgehend von den eingegangenen Gutachten, die den Autoren zugänglich gemacht werden und die eine Akzeptanz- oder Ablehnungsempfehlung enthalten müssen, fällt der Editor anschließend ein Urteil über die Arbeit, welches neben der Ablehnung auch die prinzipielle Annahme, häufig gekoppelt an zusätzliche Experimente oder Änderungen im Manuskript, vorsieht. Auch eine Überarbeitung des Manuskripts ist möglich, häufig sogar der Regelfall. Müssen dabei zusätzliche Experimente durchgeführt werden, ist die zeitliche Notwendigkeit schlecht abzuschätzen. Viele Journale geben einen Zeithorizont von 1–3 Monaten vor, um die Auflagen zu erfüllen. Auch das revidierte Manuskript wird in der Regel wieder begutachtet, was wieder einen Monat dauern kann. Bis zur förmlichen Annahme einer Publikation bei einem (!) Journal können also vom Zeitpunkt der ersten Einreichung durchaus 3–6 Monate veranschlagt werden. Sollte das Manuskript abgelehnt und bei einem anderen Journal erneut eingereicht werden, verlängern sich die Zeiträume entsprechend.

Nach der förmlichen Annahme durch den Editor wird das Manuskript an die Produktionsabteilung des entsprechenden Verlages/der Zeitschrift weitergeleitet. Hier wird anschließend die Formatierung des Manuskripts im Stil des Journals vorgenommen. Bei einer ganzen Reihe von Verlagen erfolgt nun auch das sogenannte Copy Editing, bei dem die sprachliche Ausführung des Manuskripts und orthografische Fehler ggfs. verbessert werden. Anschließend wird der Entwurf des fertig gesetzten Manuskripts und etwaige offene Fragen an den korrespondierenden Autor geschickt, damit dieser innerhalb einer relativ kurzen zeitlichen Frist von meist nur zwei Tagen diese Druckfahne abzeichnet und billigt, so dass das Manuskript anschließend in dem Publikationsorgan veröffentlicht werden kann.

5.6 Die Abschlussphase II: Das Schreiben der Dissertation

Am Ende jeder Promotion steht das Schreiben einer Doktorarbeit (Dissertation). In dieser werden die wesentlichen Ergebnisse des Promotionsprojekts schriftlich zusammengefasst. Erst danach folgt die Verteidigung der Arbeit (Disputation oder Rigorosum) vor einem wissenschaftlichen Gremium (Betreuer, Prüfungsausschuss). Die Doktorarbeit ist Grundlage zur Bewertung der Promotion. Sie muss daher den höchsten wissenschaftlichen Ansprüchen genügen.

Man unterscheidet zwischen einer kumulativen Promotionsschrift (siehe 5.6.2) und der klassischen, auch heute noch am häufigsten verwendeten Monographie (siehe 5.6.1). Beides ist aber unabhängig von einer Publikation von Teilen der Arbeit in internationalen Journalen zu sehen. Inwieweit beide oder nur eine der formalen Formen als Dissertation möglich ist, regeln die jeweiligen Promotionsordnungen genauso wie den Aufbau und die Länge der einzelnen Kapitel bzw. der gesamten Arbeit. Generell folgen aber beide Typen von Promotionsschriften einem bestimmten Muster.

Typen der Promotionsschrift

Zwei wichtige Begriffe zu Beginn

Monographie: Als Monographie bezeichnet man in den Life Sciences eine umfassende, in sich vollständige Abhandlung (die Dissertation) über ein lebenswissenschaftliches Forschungsprojekt. Der Aufbau der Monographie ist in der jeweiligen Promotionsordnung festgelegt, beinhaltet aber meist eine Einleitung, eine Zielsetzung, den Abschnitt zu Material und Methoden, die Ergebnisse, deren Diskussion, eine Zusammenfassung und die zitierten Referenzen.

Kumulative Promotionsschrift: Sonderform der Dissertation, die auf der Publikation mehrerer thematisch zusammenhängender Artikel beruht, die aus der Promotionsarbeit entstanden sind und in internationalen Peer-Reviewed Journalen publiziert wurden. Die Anzahl der benötigten Publikationen regelt die entsprechende Promotionsordnung. Eine kumulative Promotionsschrift ist deutlich kürzer, da die Publikationen als Grundstock dienen, die unter anderem durch eine kurze Einleitung, ein gemeinsames Kapitel mit den Ergebnissen, durch die Diskussion der Ergebnisse und durch eine kurze Zusammenfassung ergänzt werden. Die Publikationen, auf denen die Schrift aufbaut, werden als Anhang beigefügt.

5.6.1 Die klassische Monographie

Gliederung der
Monographie

Die überwiegende Mehrheit der Promotionsschriften in der Biomedizin wird als Monographie mit einem Umfang von ca. 100 Seiten verfasst. Die inhaltliche Struktur dieser Schrift ist meist klar vorgegeben: Inhaltsverzeichnis, Liste der verwendeten Abkürzungen, Einleitung, Material und Methoden, Ergebnisse, Diskussion, Zusammenfassung und ein Literaturverzeichnis. Hinzu kommen auch einige formale Seiten, die – je nach Promotionsordnung – Hinweise auf das Betreuungsteam, den externen Gutachter, das Datum der Disputation und den Namen des Dekans der jeweiligen Fakultät und/oder Leiter der betreffenden Graduiertenschule enthalten. Auf der ersten Seite sind der Titel der Arbeit, der jeweilige Fachbereich (Fakultät, Graduiertenschule), der zu erwerbende Titel (Dr. rer. nat., PhD), der Name des Promovenden und der Geburtsort angegeben. Wo und in welcher Reihenfolge bzw. Form diese Angaben in der Schrift auftauchen müssen, regelt die jeweils aktuelle Promotionsordnung.

Die Einleitung soll für den Leser die Grundlage für das Verständnis der Dissertationsschrift schaffen und eine Einführung in die Thematik geben, so dass der Leser die Arbeit ohne das Heranziehen von Sekundärliteratur verstehen und bewerten kann. Am Ende dieses Abschnitts muss eine klare Definition der Fragestellungen bzw. der Hypothesen stehen, auf denen die Promotion begründet ist. Es folgt der Abschnitt „Material und Methoden", in dem alle relevanten Materialien und Methoden beschrieben werden müssen. Standardmethoden können zitiert werden, Änderungen bestehender Methoden oder die Entwicklung neuer Methoden müssen dagegen so beschrieben werden, dass sie von anderen Wissenschaftlern reproduziert werden können.

Das wichtigste Kapitel einer monographischen Promotionsschrift ist der Ergebnisteil. Hier werden die Ergebnisse, die der Promovend erzielt hat, beschrieben und mit Tabellen, Fotos und Abbildungen untermauert. Ein Fehler der hier häufig gemacht wird, ist die nicht ausreichende Beschriftung der Abbildungen und eine mangelhafte Bildunterschrift. Eine Abbildung muss in Verbindung mit einer Bildunterschrift aus sich heraus verständlich sein, ohne vertieftes Lesen der Promotionsschrift. Auf eine Diskussion der Ergebnisse im Ergebnisteil wird verzichtet. Sie ist Bestandteil des nachfolgenden Kapitels. Ausnahmen sind nur Diskussionen zu methodischen Details, ohne die der Leser die Ergebnisse im Ergebnisteil nicht vollständig verstehen würde, und Punkte, die später in dem Diskussionskapitel nicht mehr aufgegriffen werden.

Das Schreiben des Diskussionskapitels fällt erfahrungsgemäß den meisten Promovenden am schwersten und benötigt am meisten Zeit. Der Hauptfehler besteht vielfach darin, dass Teile der Einleitung und der Ergebnisse hier ausführlich wiederholt werden, ohne dass sie in den aktuellen Wissensstand des jeweiligen Forschungsgebietes eingebunden werden. Allerdings ist dies gerade die Hauptaufgabe des Diskussionskapitels. In ihm sollen Vergleiche zu bestehenden Literaturdaten gezogen, Widersprüche diskutiert und vor allem eine Weiterentwicklung des Forschungsgebietes kritisch analysiert werden. Dazu zählt, die in der Einleitung aufgestellten Hypothesen einzubeziehen und diese mit den Ergebnissen zu vergleichen: Bestätigen die gewonnenen Ergebnisse die aufgestellten Hypothesen? Können die Hypothesen erweitert oder weiterentwickelt werden? Was könnten die Folgeexperimente zur Weiterführung des Projektes sein? Nicht vergessen darf man auch als Abschluss des Diskussionskapitels eine klare Schlussfolgerung, die aus den Ergebnissen gewonnen wird.

Nach dem Diskussionskapitel folgt häufig eine ca. 1–2 Seiten lange Zusammenfassung. Hier wird noch einmal kurz und prägnant die Fragestellung dargelegt, die verwendeten Methoden, die erzielten Ergebnisse und die Schlussfolgerung mit einem Hinweis, wie ggfs. in der Literatur vorhandenes Wissen erweitert werden konnte.

Vervollständigt wird die Promotionsschrift durch einige formale Ergänzungen. Hierzu zählt vielfach auch eine eidesstattliche Erklärung, in der der Promovend versichert, dass er die Arbeit selbstständig gemäß den Richtlinien zur Sicherung guter wissenschaftlicher Praxis angefertigt hat, dass er keine anderen als die angegebenen Quellen und Hilfsmittel genutzt hat sowie die wörtlich oder inhaltlich übernommenen Stellen als solche kenntlich gemacht hat. Meist wird auch eine Erklärung verlangt, aus der hervorgeht, welche Teile vom Kandidaten zu den einzelnen Publikationen beigesteuert worden sind.

Die eidesstattliche Erklärung

Die meisten Promotionsordnungen sehen heute bei der Abgabe eine Erklärung vor, dass die Arbeit eigenständig verfasst worden ist und alle verwendeten Quellen korrekt wiedergegeben worden sind. Ergänzend wird meist eine Erklärung verwendet, dass man entsprechend den Regeln der guten wissenschaftlichen Praxis gearbeitet hat, und andere rechtliche Rahmenbedingungen eingehalten worden sind (z. B. wenn ein Ethikvotum vorlag etc.). Sollte es später zu Problemen mit der Schrift kommen und sollten diese auch nach einer Überprüfung noch bestehen bleiben, so sind diese Erklärungen die Grundlage für einen möglichen nachfolgenden Entzug des akademischen Grades. In einer schärferen Variante ist die Erklärung als eidesstattliche Erklärung abzugeben. Dies bedeutet, dass ein Vergehen nicht nur mit dem Entzug des akademischen Grades geahndet wird, sondern auch strafrechtliche Konsequenzen hat.

5.6.2 Die kumulative Promotionsschrift

Die kumulative Promotionsschrift setzt voraus, dass mehrere thematisch zusammenhängende Artikel aus der Promotionsarbeit entstanden sind und in internationalen Peer-Reviewed Journalen publiziert wurden. Die Anzahl der benötigten Arbeiten regelt die entsprechende Promotionsordnung. Hier ist auch geregelt, bei wie vielen dieser Arbeiten der Promovend Erstautor sein muss. Zudem ist es bei Ko-Autorschaften wichtig, klar herauszustellen, welchen methodischen und intellektuellen Anteil der Promovend an der Publikation hat (siehe unten).

Der inhaltliche Aufbau einer kumulativen Promotionsschrift ist in der Regel wie folgt (genaue Angaben macht hierzu die aktuelle Promotionsordnung der jeweiligen Fachbereiche oder Fakultäten): Die Inhaltsangabe, eine Liste der verwendeten Abkürzungen, eine kurze Einleitung, ein gemeinsames Kapitel mit den Ergebnissen und der Diskussion der Ergebnisse, eine kurze Zusammenfassung, das Literaturverzeichnis und als Appendix die Originalarbeiten, auf die sich die kumulative Promotionsschrift bezieht. Besonders wichtig bei einer kumulativen Promotionsschrift ist, dass in der Einleitung und Diskussion die Ergebnisse, die in den Artikeln publiziert worden sind, in einem breiten thematischen Zusammenhang mit den aktuellen Publikationsdaten behandelt werden. Die Länge dieses inhaltlichen Teils wird ebenfalls in der Promotionsordnung oder den entsprechenden Durchführungsbestimmungen geregelt. Sie liegt aber in der Regel zwischen 30 und 40 Seiten zuzüglich der nötigen Anlagen und Appendizes.

Aufbau der kumulativen Promotionsschrift

5.6.3 Vergleich kumulative Promotionsschrift vs. Monographie

Vergleicht man nun diese beider Formen, in der eine Promotionsschrift verfasst werden kann, stellt sich die Frage, wo die jeweiligen Vorteile liegen. Es muss hier jedoch darauf hingewiesen werden, dass der Standard auch heute noch, im Jahre 2014, die Monographie ist.

Entscheidet man sich für eine kumulative Promotionsschrift und sind die standort-spezifischen Voraussetzungen erfüllt (u. a. Gesamtanzahl der Publikationen und Erstautorschaften) sind die großen Vorteile die Zeit- und Arbeitsersparnis. Ein Großteil der Arbeit ist bereits publiziert und die kumulative Schrift muss diese Daten nur noch zusammenfassen und in den Kontext der aktuellen Literaturdaten stellen. Dies ist auch schon am Umfang der kumulativen Schriften erkennbar, da sie in der Regel eine Länge von 30–40 Seiten umfassen. Über die genaue maximale Länge geben die jeweiligen Promotionsordnungen Auskunft. Die Länge einer Monographie beträgt hingegen ca. 100 Seiten inklusive aller Appendizes (man beachte auch hier die Vorgaben der jeweiligen Promotionsordnungen). Dieser große Platzbedarf liegt unter anderem an dem benötigten Raum für eine selbsterklärende Einleitung, einen angemessenen Material- und Methodenteil sowie einem umfassenden Ergebnisteil. Diese sind in der Regel in einer kumulativen Schrift kürzer bzw. können wie im Falle des Abschnittes Ergebnisse und Diskussion auch kombiniert geschrieben werden.

Vor- und Nachteile der Promotionsschrifttypen

Man muss der Zeit- und Arbeitsersparnis gegenüberstellen, dass nach wie vor viele Betreuer und auch Promotionsausschüsse einer kumulativen Promotionsschrift eher skeptisch gegenüberstehen. Die Gründe hierfür sind nicht genau definiert, aber wahrscheinlich historischer Art, da viele der Betreuer noch selber eine klassische Dissertationsschrift verfasst haben. Weiterhin haben verschiedene Universitäten für kumulative Promotionsschriften unterschiedliche Standards etabliert. Dies betrifft sowohl die Anzahl der benötigten Publikationen als auch die Qualität der Publikationen gemessen an dem Impact Faktor der Zeitschrift, in dem die Originalarbeiten publiziert wurden.

Neben den erwähnten Vor- und Nachteilen gibt es noch einige übergeordnete Punkte, die man beachten muss (Weidemann 2007).

- Die Karriere eines (Nachwuchs-)Wissenschaftlers ist im großen Maße von seinen Publikationen in Peer-Reviewed Journalen abhängig. Diese Publikationen zählen in den Liefe Sciences mehr als eine Dissertations-Monographie und kaum ein zukünftiger Arbeitgeber wird diese Monographie lesen. Somit ist es für einen Doktoranden wichtig, seine Ergebnisse frühzeitig zu publizieren und – wenn eben möglich – mehrere Publikationen während der Promotion zu generieren. Diese Tatsache spricht eindeutig dafür, eine kumulative Promotionsschrift anzustreben, auch wenn der zeitliche Abschluss eines Dissertationsverfahrens mit einer kumulativen Schrift aufgrund des Peer-Review-Verfahrens der Zeitschriften und den damit häufig verbundenen Verzögerungen für den Promovenden nicht so einfach zu bestimmen und kontrollieren ist wie bei einer Monographie mit einem definierten Endpunkt.
- Eine sehr wichtige Art der Kommunikation in den Lebenswissenschaften sind die beschriebenen Fachaufsätze. Monographien spielen hier in der Regel keine Rolle, da sie, auch wenn sie in einer geringen Stückzahl veröffentlicht werden und in den Deutschen Nationalbibliotheken in Berlin und Frankfurt eingereicht werden müssen, kaum eine so starke Verbreitung wie die Publikationen in international anerkannten Zeitschriften finden. Will man also frühzeitig in die internationale wissenschaftliche Gemeinschaft aufgenommen werden, vollzieht sich dies über den Bekanntheitsgrad, den man mit seinen Publikationen erzielt hat. Die wichtige Rolle, die die Monographie hier früher einmal gespielt hat, ist heute deutlich abgeschwächt.
- Zu beachten sind auch die entsprechenden Copyright-Regeln der einzelnen Fachverlage.

Die Güte eines Promotionsverfahrens mit einer Monographie wird einzig von dem beteiligten Gutachtern beurteilt. Im Gegensatz ist die kumulative Promotion ein deutlich unabhängigeres Verfahren, da hierbei Peer-Review-Prozesse mehrerer anerkannter Journale beteiligt sind. In diesem Fall geht man von dem Qualitätsanspruch eines

Fachbereichs weg hin zu dem Qualitätsanspruch an Veröffentlichungen mit international gültigen Konventionen.

Wie kann jetzt die Empfehlung für einen Doktoranden lauten? Soll er eine Monographie oder eine kumulative Promotionsschrift anstreben? Zur Beantwortung dieser Fragen kann man das Zitat aus dem Zeit Online Artikel „Doktor auf Raten" aus dem Jahr 2007 zurückgreifen. Hier heißt es: „Wer ohnehin eine wissenschaftliche Karriere anstrebt, für den ist eine kumulative Dissertationsschrift zu empfehlen. Wer jedoch nicht nach Höherem strebt und seinen Zeitplan ungern vom Arbeitstempo oder den Vorlieben der Zeitschriftengutachter bestimmen lassen will, für den ist die Monografie die bessere Variante." (Weidmann 2007). Unabhängig von der Frage, welche Form der Dissertation angestrebt wird, sollte in jedem Fall die schriftliche Arbeit in enger Abstimmung mit dem Betreuer bzw. dem Thesis Advisory Committee erfolgen.

5.6.4 Das Schreiben der Arbeit – Keine Angst vor dem weißen Blatt

Wie lange brauche ich zum Verfassen der Promotionsschrift?

Man muss sich sehr frühzeitig während der Promotion die Frage stellen: Wie lange brauche ich zum Verfassen der Promotionsschrift? Die Beantwortung ist primär von zwei Dingen abhängig: (1) Wie gut kann ich wissenschaftliche Texte verfassen? Dies ist individuell verschieden. Es gibt Kandidaten, die hervorragend wissenschaftliche Texte verfassen können, und andere Kandidaten, die sich damit schwer tun. Hinzu kommt, dass dies häufig tagesformabhängig ist. An manchen Tagen wird man viel schaffen, an anderen Tagen sitzt man lange vor dem leeren Blatt und bringt kaum etwas zustande. Dies ist allerdings normal und muss nur in das generelle Zeitmanagement mit einbezogen werden. (2) Will ich eine Monographie verfassen oder eine kumulative Schrift einreichen? Für das Verfassen einer kumulativen Schrift ist deutlich weniger Zeit zu veranschlagen als für das Schreiben einer Monografie. Im Durchschnitt kann man davon ausgehen, dass für das Verfassen einer Monografie 3–4 Monate bis zur Abgabe benötigt werden und für das Zusammenstellen einer kumulativen Schrift entsprechend weniger. Diese Zeitsplanung geht davon aus, dass sich der Doktorand in dieser Phase vollständig auf das Verfassen der Schrift konzentriert. Für Experimente (auch Schönheitsexperimente, siehe hierzu auch Seite 96) ist zu diesem Zeitpunkt keine Zeit mehr, falls man Verzögerungen vermeiden möchte.

Wann muss ich mit dem Schreiben der Arbeit beginnen?

Dies wird ebenfalls von zwei Faktoren bestimmt: (1) Zum einen ist das Abgabedatum der Arbeit durch die entsprechende Promotionsordnung definiert. Zwar gibt es in den meisten Ordnungen die Option für einen definierten Verlängerungszeitraum. Doch spätestens wenn dieser ausgeschöpft ist, muss die Schrift abgegeben sein. Man wird also frühzeitig sein Abgabedatum kennen und davon ausgehend zurückrechnen können, wann man mit dem Schreiben der Arbeit beginnen muss. (2) Der zweite Faktor ist bereits angesprochen worden: Wie lange brauche ich zum Schreiben der Arbeit. Erste Erfahrungswerte, die man hier zu Grunde legen kann, haben Doktoranden durch das Verfassen ihrer Bachelor- und Masterarbeit und ggfs. auch durch das Verfassen von Publikationen. Bleiben wir bei dem obigen Mittelwert von 3–4 Monaten, bedeutet dies, dass man sich unbedingt vier Monate vor Einreichungsschluss auf das Schreiben der Arbeit konzentrieren muss.

Abgabedatum kennen

Wo und wie kann ich Zeit einsparen?

Hier gibt es die Möglichkeiten, schon während der experimentellen Phase den Material- und Methodenteil zu schreiben, da dieser relativ frühzeitig festlegt. Ebenso kann ein Literaturverzeichnis angelegt und die Abbildungen, die im Laufe der experimentellen Phase entstanden sind und die letztlich in der Arbeit verwendet werden sollen, einschließlich der Bildunterschriften kontinuierlich während der praktischen Tätigkeit fertiggestellt werden. In der Phase der praktischen Tätigkeit wird es immer zeitliche Lücken geben (z. B. bei Inkubationen), die sinnvoll genutzt werden können. Auch können einzelne fertige Kapitel mit dem Betreuer vordiskutiert werden. Dies spart hinterher in der Korrekturphase viel Zeit. Allerdings bevorzugen viele Betreuer, einschließlich der Autoren dieses Buches, die Diskussion und Korrektur des Gesamtwerkes, einerseits aus Zeitersparnisgründen, andererseits um Inkonsistenzen zwischen den Kapiteln zu vermeiden.

Während der experimentellen Phase den Material- und Methodenteil schreiben.

Wichtig ist in diesem Zusammenhang, dass nur eine mit dem Erstbetreuer abgestimmte Promotionsschrift eingereicht werden sollte. Dies bedeutet eine sehr enge Kommunikation zwischen Erstbetreuer und Doktorand während der Schlussphase der Arbeit. Diese beginnt mit einem Gespräch, bei dem geklärt werden muss, ob die Daten für die Einreichung einer Dissertation ausreichend sind. Für dieses Gespräch sollte sich der Doktorand gut vorbereiten und Argumente sammeln, warum seines Erachtens die Experimente ausreichend sind. Argumente könnten z. B. sein, dass die in dem Projektplan beschriebenen Hypothesen durch die durchgeführten Experimente belegt wurden oder ein Großteil der Daten bereits publiziert und damit schon durch externe Gutachter positiv begutachtet wurden. Zu diesem Gespräch sollte man auch schon ein Konzept für die Dissertation erarbeiten und mit dem Betreuer diskutieren. Weiterhin sollte der Korrekturzeitplan besprochen und fixiert werden. Dies ist insofern sehr wichtig, da – wie weiter vorne beschrieben – die Betreuer in der Regel zahlreiche Aufgaben und Funktionen haben und ausreichend Zeit benötigen, um die Schrift detailliert lesen und Ergänzungs- und Korrekturvorschläge unterbreiten zu können. Man muss beachten, dass die Betreuer primär inhaltliche Korrekturen und Ergänzungsvor-

Korrekturzeitplan

schläge unterbreiten. Ihre Aufgabe besteht nicht in der Korrektur orthografischer Fehler oder sprachlicher Unzulänglichkeiten. Bekommt man in diesem Gespräch das „Go" vom Betreuer, beginnt man mit dem Schreiben. Von diesem Zeitpunkt an wird man sich vollständig auf das Schreiben der Dissertation konzentrieren müssen. Zeit für weitere Experimente bleibt in der Regel keine, will man nicht mit dem Schreiben in Verzug geraten und das durch die Promotionsordnung vorgegebene Abgabedatum gefährden.

Sinnvolle Reihenfolge Gibt es eine sinnvolle Reihenfolge, in der man die Kapitel der Dissertation schreibt? Vorgaben hierfür gibt es keine. Aber wenn man methodisch und effizient vorgehen möchte, wird man der Material- und Methodenteil schon parallel während der Durchführung der Experimente erstellt. Hier gibt es ausreichend Pausen, die man zur Fertigstellung einzelner Abschnitte nutzen kann. Das gleich trifft auch auf die Abbildungen und die Literaturzitate zu, obgleich letztere erst nach Erstellung der Einleitung und Diskussion endgültig fertiggestellt werden können. Die Erfahrung hat gelehrt, dass es sinnvoll ist, zunächst den Ergebnisteil, danach die Einleitung und schließlich die Diskussion zu schreiben. Beim Schreiben der Diskussion tun sich die meisten Doktoranden am schwersten. Hierfür muss die meiste Zeit einkalkuliert werden, es sei denn, ein Großteil der Arbeit wurde schon in entsprechenden Journalen publiziert. Das würde das Schreiben der Diskussion deutlich vereinfachen. Andererseits wird man davon ausgehen müssen, dass das Diskussionskapitel mehrmals korrigiert werden muss, bevor man die endgültige Fassung erhalten hat. Wie lange im Endeffekt das Schreiben der Diskussion dauert, hängt von jedem persönlich ab. Erste Erfahrungswerte hat man in seiner Bachelor- und Masterarbeit gewinnen können. Zusätzlich kann man einige Kommilitonen, die gerade mit ihrer Schrift fertig geworden sind, fragen, wie lange sie gebraucht haben. Man beachte allerdings, dass dieses nur punktuelle Erfahrungswerte sind, die nicht so einfach auf die eigene Schreibarbeit übertragen werden können.

5.7 Qualitätsmanagement

Das Qualitätsmanagement ist ein zentraler Begriff im Projektmanagement. Es dient dazu, einerseits die Prozessqualität (in unserem Fall das strukturierte Promotionsprogramm) und andererseits das Produkt selber (in unserem Fall die Dissertation) zu verbessern. Dies geschieht in der Regel durch einen Regelkreis, der nach seinem Entwickler, dem amerikanischen Physiker und Statistiker William Edwards Deming (1900–1993), auch Demingkreis genannt wird. Dieser Regelkreis beschreibt einen iterativen Problemlösungsprozess mit den folgenden vier Schritten:

Demingkreis

- **Schritt 1:** Qualitätsplanung: Es wird ein Ist-Zustand ermittelt und die Rahmenbedingungen für das Qualitätsmanagement festgelegt. Danach werden Konzepte und Abläufe erarbeitet.

  Qualitätsplanung

- **Schritt 2:** Qualitätslenkung: Die in der Planphase gewonnenen Ergebnisse werden umgesetzt.

  Qualitätslenkung

- **Schritt 3:** Qualitätssicherung: Auswerten qualitativer und quantitativer Qualitätsinformationen (Überprüfung von gemachten Annahmen).

  Qualitätssicherung

- **Schritt 4:** Qualitätsgewinn: Aus vorheriger Phase gewonnene Informationen werden für Strukturverbesserungsmaßnahmen und Prozessoptimierung eingesetzt.

  Qualitätsgewinn

Ein alternativer Begriff für Demingkreis ist „PDCA-Zyklus". Dabei stehen die vier Buchstaben für die englischen Begriffe *Plan-Do-Check-Act*. Die bewusste Anwendung des PDCA-Zyklus auf die Einzelschritte der Promotion und die Promotionsprogramme wird deren Qualität signifikant verbessern und zu einer Optimierung bei der Durchführung von Experimenten führen.

    Das Qualitätsmanagement in der Promotion umfasst zwei Ebenen: (1) die Planung und Durchführung von Experimenten und (2) das Zusammenschreiben der Arbeit. Das Produkt, dessen Qualität überprüft wird, ist unter (1) das Ergebnis eines spezifischen Experiments und unter (2) die fertige Dissertation. Die beteiligten Spieler in diesen Regelkreisen sind der Promovend, der Betreuer (bzw. die Mitglieder des Betreuungskomitees) und ggfs. andere Mitarbeiter der Arbeitsgruppe und/oder Mitglieder des strukturierten Promotionsprogramms, denen man regelmäßig seine Ergebnisse vorstellt. Auch die Gutachter der Arbeit können in diesem Zusammenhang als Teil des Qualitätsmanagements angesehen werden.

Das Qualitätsmanagement hat zwei Ebenen

    Hinsichtlich der Qualitätskontrolle bei der Planung und Durchführung von Experimenten muss man sich zwei Fragen stellen: (1) Hat die Planung die reibungslose Durchführung der Experimente gewährleistet oder musste man an der einen oder anderen Stelle improvisieren? (2) Ist das erzielte Ergebnis aussagekräftig und eindeutig auch im Hinblick auf die verwendeten Kontrollen?

Frühzeitige Versuchsplanung

Eine Versuchsplanung sollte sehr frühzeitig erfolgen. Dies bedeutet auch, dass überprüft werden muss, ob z. B. ausreichend Kapazität an benötigten Geräten vorhanden ist oder ob man ausreichend Pufferlösung in der benötigten Qualität zur Verfügung hat. Sind die eingeplanten Zeitspannen, die man für die einzelnen Schritte benötigt, ausreichend und gibt es Freiräume, die man für andere Experimente sinnvoll nutzen kann. Aber Vorsicht: Zu viele parallel durchgeführte Experimente führen insbesondere bei Promovenden, die gerade angefangen haben, zu Fehlern und machen einzelne Versuche unbrauchbar. Während der Versuchsdurchführung muss man sich fragen, ob alle Arbeitsschritte im Laborbuch exakt protokolliert sind, so dass man sie selber zu einem späteren Zeitpunkt noch nachvollziehen kann und andere Wissenschaftler problemlos folgen können. Zudem können so aufgetretene Fehler identifiziert werden. Nach Beendigung des Versuches überprüft man, ob die Versuchsdurchführung optimal verlaufen ist und optimiert aufgrund dieser Überprüfung ggfs. einzelne Schritte.

Checkliste Qualitätsmanagement Schreiben der Arbeit

- Sind die Ergebnisse hinreichend gut durch Abbildungen dokumentiert?
- Sind die Abbildungen qualitativ hochwertig?
- Sind die Abbildungen aus sich heraus und den Bildunterschriften verständlich, ohne dass ich hierzu den Textteil der Arbeit lesen muss?
- Ist der Material- und Methodenteil so umfangreich, dass die Experimente von anderen Wissenschaftlern reproduziert werden können?
- Führt die Einleitung den Leser zielgerichtet in das Thema ein und auf die Fragestellung hin?
- Sind die Hypothesen klar definiert?
- Ist die Diskussion zielführend und schließt sie eine Einbindung der Ergebnisse in den internationalen publizierten Kontext ein?
- Wird die in der Einleitung beschriebene Fragestellung beantwortet? Wird zu den Hypothesen Stellung bezogen?
- Habe ich unnötige Doppeldarstellungen aus dem Ergebnis- und Einleitungsteil in der Diskussion vermieden?
- Sind alle Angaben anderer Autoren korrekt zitiert?
- Ist der Gesamttext der Arbeit in sich konsistent?
- Ist die Schrift mit dem Betreuer abgestimmt?
- Habe ich die formalen Vorgaben der Promotionsordnung (z. B. Länge der Arbeit, Schriftgrad und Schriftgröße, Zeilenabstand, Format der Zitate) eingehalten?

- Befinden sich die notwendigen Erklärungen im Anhang der Arbeit (siehe hierzu auch Seite 103) und sind diese unterschrieben?
- Habe ich die Arbeit intensiv auf Rechtschreibung und Grammatik überprüft? Habe ich die Arbeit einem unbeteiligten Leser zur Rechtschreibprüfung gegeben? – Dies ist sehr wichtig. Denn die Erfahrung hat gelehrt, dass sich trotz (oder gerade wegen?) der intensiven Beschäftigung mit dem Text immer wieder Fehler einschleichen, die übersehen werden.

Weiterführende Literatur

Austin, R. (2002): Project Management and Discovery. Science Careers, 13. September 2002, nodoi: 12577902408314152614.

Kiener, S., N. Maier-Scheubeck, R. Obermaier und M. Weiß (2009): Produktionsmanagement – Grundlagen der Produktionsplanung und -steuerung. Oldenbourg Verlag.

Riedenauer, M. und A. Tschirf (2012): Zeitmanagement und Selbstorganisation in der Wissenschaft. Facultas Verlag.

Schmidt, I. und D. Grisse-Seelmeyer (2002): Zeitmanagement – So nutze ich meine Zeit optimal. Gondrom Verlag.

Wallwork, A. (2011): English for Writing Research Papers. Springer Verlag.

Weidemann, A. (2007): Doktor auf Raten. Zeit Online, 22. Oktober 2007; www.zeit.de/2007/42/C-KumuDiss.

6 Hilfsmittel des Zeit- und Selbstmanagement

„Niemand plant zu versagen, aber die meisten versagen beim Planen."
– *Lee Iacocca*

Inhalt

Methoden des Zeit- und Selbstmanagements dienen der optimalen Organisation der zur Verfügung stehenden Zeit auf ein bestimmtes Ziel hin. Wesentlich für diese Methoden ist zunächst einmal, sich über die eigenen Ziele bewusst zu werden. Nur wer seine Ziele kennt, wird in der Lage sein, diese auch zielgerichtet und effizient zur erreichen. Im Rahmen einer Promotion ist das große Ziel klar definiert. Kleinere Ziele (Teilziele) auf dem Weg zur Promotion ergeben sich aus dem Projektplan und den laufenden Gesprächen mit den Betreuern. Dazu können dann auch Fortbildungsveranstaltungen gezählt werden, die für den Beruf qualifizieren. In diesem Kapitel werden einige Methoden des Projekt- und Zeitmanagements vorgestellt. Es wir ein grober Überblick geboten, welche Methoden für das eigene Zeitmanagement zur Verfügung stehen. Es macht jedoch wenig Sinn alle diese Methoden auf sein Projekt anzuwenden oder sich dem Druck auszusetzen, alle Methoden anwenden zu müssen. Vielmehr empfehlen wir, diejenigen Methoden herauszugreifen, die man für sich und sein Selbstmanagement am geeignetsten erachtet.

6.1 To-do-Listen

Dies ist eine der einfachsten Methoden der Selbstorganisation. So trivial es auch klingen mag, jeder verwendet sie auf die ein oder andere Art und Weise: beim Einkaufen oder bei der Organisation der Wochentermine. To-do-Listen sollten schriftlich fixiert sein, damit keine wichtige Aufgabe vergessen wird. Dies kann handschriftlich, in einem Word-Dokument, einer Excel-Tabelle oder auch mit Hilfe entsprechender Computerprogramme oder Apps erfolgen.

To-do-Listen sollten schriftlich fixiert sein.

Die To-do-Liste enthält sowohl Aufgaben, die täglich bzw. zeitnah erledigt werden müssen, als auch Aufgaben, die in die weitere Zukunft reichen (in der Regel einige Wochen). Eine gute Methode ist auch, sich dabei einen Wochenplan aufzustellen, in dem die geplanten Experimente zusammen mit anderen notwendigen Aufgaben koordiniert werden. Es macht häufig Sinn, langwierige Aufgaben (z. B. das Erstellen von Zwischenberichten oder die Anmeldung zu bestimmten Kursen) mit einem Datum (der sogenannten Deadline) zu versehen, damit bestimmte Fristen nicht verpasst werden. Sehr umfangreiche Aufgaben sollten in kleinere Einheiten geteilt werden.

Aufwendigere To-do-Listen können nach dem auf Seite 115 beschriebenen Eisenhower-Prinzip aufgestellt werden. Der Vorteil dieser Eisenhower-Listen liegt darin, dass die Tätigkeiten gleichzeitig nach ihrer Wichtigkeit und Dringlichkeit geordnet werden. Tätigkeiten, die erledigt sind, werden anschließend aus der entsprechenden Liste gestrichen. Durch das Führen dieser To-do-Listen gewinnt man einen guten Überblick über die Tages- und Wochenaufgaben. Sie sind unentbehrlich, wenn man in einer eng begrenzten Zeitspanne verschiedene Aufgaben erledigen muss.

6.2 Die SMART-Methode

Die SMART-Methode dient dazu, Ziele konkret zu formulieren (Doran 1981). Sie ist somit ein gutes Hilfsmittel, um einen möglichst exakt umrissenen Projektplan aufzustellen. Bei der SMART-Methode stehen die fünf Buchstaben für S = spezifisch, M = messbar, A = akzeptiert/aktionsorientiert, R = realistisch und T = terminiert.

Diese Punkte werden nachfolgend exemplarisch genauer anhand von Beispielen diskutiert. Ziele sollten spezifisch formuliert sein, so **Spezifisch** dass sie dadurch letztendlich überprüfbar werden. Das Ziel „Ich möchte ein Experte bezüglich der Organogenese in Vertebraten werden." ist zwar durchaus erstrebenswert, allerdings unkonkret und nicht handlungs-orientiert formuliert. Konkreter wäre in diesem Zusammenhang das Ziel: „Ich möchte jede Woche drei Publikationen lesen, die sich mit der Thematik Organogenese in Vertebraten beschäftigen." Mit dieser gewählten Formulierung wird ein Ziel auch mess- **Messbar** bar, da es leicht möglich ist, nach jeweils einer Woche zu überprüfen, ob dieses Ziel tatsächlich erreicht worden ist. Die so ausgewählte Formulierung ist darüber hinaus aktionsorientiert, da sie genau definiert, **Aktionsorientiert** welche Aktionen bzw. Handlungen durchgeführt werden müssen, um dieses Ziel zu erreichen, nämlich jede Woche drei Publikationen zu lesen. Die erste Formulierung („Ich möchte ein Experte sein ...") hingegen beschreibt eher einen Zustand und kann nicht direkt in eine Handlung übersetzt werden.

Darüber hinaus sollte ein Ziel realistisch formuliert werden. Die **Realistisch und** Feststellung „Ich möchte jede Woche drei Publikationen lesen ...", ist **terminiert**

Tab. 2 Die SMART-Methode zur optimierten Zieldefinition

Buchstabe	Bedeutung	Beschreibung
S	spezifisch	Ziele müssen eindeutig definiert sein (nicht vage, sondern so präzise wie möglich).
M	messbar	Ziele müssen messbar sein (Messbarkeitskriterien).
A	akzeptiert/aktionsorientiert	Ziele müssen von den Empfängern akzeptiert werden/sein. Ziele müssen mit einer konkreten Handlung verbunden sein.
R	realistisch	Die Umsetzung der Ziele muss möglichst (realistisch) sein.
T	terminiert	Zu jedem Ziel gehört eine klare Terminvorgabe, bis wann das Ziel erreicht sein muss.

durchaus durchführbar. Im Gegensatz dazu stände die Formulierung „Ich möchte alle Publikationen über Organogenese in Vertebraten lesen.", weil dies, wie leicht ersichtlich, eher ein Wunsch, als ein konkretes Ziel ist.

Eine Zielvorstellung sollte darüber hinaus terminiert sein, es sollte klar sein, bis zu welchem Zeitpunkt oder in welchem Zeitrahmen ein bestimmtes Ziel erreicht werden soll. Das Ziel „Ich möchte jede Woche drei Publikationen lesen.", könnte daher noch konkreter lauten: „Im nächsten halben Jahr möchte ich jede Woche drei Publikationen lesen. Anschließend ziehe ich eine Bilanz."

Manchmal kann es sinnvoll sein, große Ziele in kleine Teilziele zu gliedern und für diese Ziele dann konkrete Zielformulierungen mit Hilfe der SMART-Methode zu formulieren. So könnte beispielsweise das große Ziel „Ich möchte eine Dissertation verfassen." sehr viel konkreter übersetzt werden in: „Im Januar möchte ich die Einleitung zu meiner Dissertation schreiben." Diese Formulierung ist spezifisch, da sie konkret formuliert, was gemacht werden soll. Sie ist messbar, weil das Ziel überprüft und erreicht werden kann, ist aktionsorientiert, realistisch und terminiert.

6.3 Die ALPEN-Methode

Nachdem konkrete Ziele formuliert worden sind, kann die ALPEN-Methode dazu dienen, die notwendigen Dinge zu tun, um dieses Ziel auch tatsächlich zu erreichen (Seiwert und Tracy 2002). Wie im Falle der SMART-Methode steht auch bei der ALPEN-Methode jeder Buchstabe für eine konkrete Handlung (siehe Tabelle 3).

Aufgaben sammeln Das Thema „Aufgaben sammeln" ist jedem von uns geläufig, bloß wird dies häufig sehr unstrukturiert umgesetzt. Wohl jeder hat schon einmal darüber nachgedacht, welche Aufgaben am nächsten Tag zu erfüllen und welche Aufgaben in der nächsten Woche zu erledigen sind. Wichtig in diesem Zusammenhang ist zunächst die Frage zu klären, welche dieser Aufgaben im Einklang mit den von mir definierten Zielen stehen. Dabei sollten insbesondere die Aktivitäten, über die wir selbst entscheiden können, im Einklang mit unserer Zielvorstellung **Leistungsaufwand abschätzen** liegen. Andere Aktivitäten, die von anderen erwartet werden oder zu denen wir von anderen Personen beauftragt werden, sind möglicherweise ebenfalls wichtig, stimmen aber nicht mit unseren eigenen Zielen überein.

Aus den gesammelten Aufgaben lassen sich leicht die bereits angesprochenen To-do-Listen erstellen. Anhand dieser lässt sich der Aufwand bestimmen, der benötigt wird, die gestellte Aufgabe effizient umzusetzen. Von besonderer Bedeutung ist dabei die Tatsache, ausreichend Pufferzeiten einzuplanen. Solche Pufferzeiten können beispielsweise gebraucht werden für einen unerwarteten Anruf aus der Verwaltung, die unerwartete Reparatur eines notwendigen Gerätes, das kurzfristig Korrekturlesen einer Publikation oder aber auch den Smalltalk mit Kollegen.

Häufig spricht man in diesem Zusammenhang von der 60/40 Regel. Damit ist gemeint, dass man lediglich 60 % seiner verfügbaren Zeit für die Erledigung von geplanten Aufgaben einplanen sollte, wohingegen 40 % für unvorhergesehene Ereignisse eingeplant werden sollten. An dieser Stelle sei ein großes Ausrufezeichen gesetzt. Dies darf nämlich nicht dazu führen, dass ein Doktorand lediglich 60 % seiner Zeit für Experimente nutzt und die anderen 40 % letztendlich ungenutzt verstreichen lässt. Selbstverständlich können auch diese 40 % zielgerichtet und zielorientiert genutzt werden, wenn es nicht zu unvorhergesehenen Ereignissen kommt. In diesen Zeiträumen könnte beispielsweise bereits an der schriftlichen Ausarbeitung der Dissertation gearbeitet werden oder das nächste Experiment im Detail geplant werden.

Tab. 3 Die Alpen-Methode

Buchstabe	Beschreibung
A	Aufgaben sammeln
L	Leistungsaufwand abschätzen
P	Prioritäten setzen
E	effizient Zeiten planen
N	Nachhaltigkeit unterstützen und sicherstellen

Prioritäten setzen

Effizient Zeiten planen
60/40 Regel

Nachhaltigkeit

6.4 Eisenhower-Prinzip

Eine ganz entscheidende Tätigkeit im Rahmen der ALPEN-Methode ist das Setzen von Prioritäten. Hat man sich zunächst eine Übersicht geschaffen über die anstehenden Aufgaben und Aktivitäten und hat deren realistischen Zeitaufwand abgeschätzt, so muss häufig entschieden werden, welche Aufgaben zuerst durchgeführt werden, welche auf später verschoben werden und welche vollständig negiert werden können. Als besonders zielführend bei der Planung von Prioritäten hat sich das sogenannte Eisenhower-Prinzip erwiesen. Hierbei werden die Aufgaben in vier Kategorien eingeteilt, die sich hinsichtlich der Dringlichkeit und der Wichtigkeit unterscheiden. Auch Aufgaben, die sich zunächst nicht auf der Liste der zu erledigenden Aufgaben befunden haben, wie beispielsweise kurzfristige Anfragen von

Planung von Prioritäten

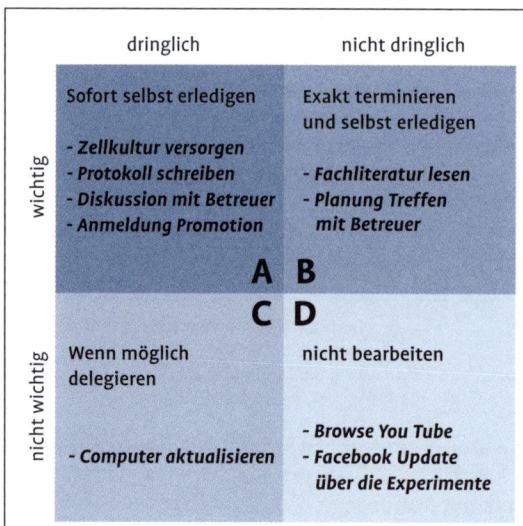

	dringlich	nicht dringlich
wichtig	Sofort selbst erledigen - *Zellkultur versorgen* - *Protokoll schreiben* - *Diskussion mit Betreuer* - *Anmeldung Promotion* **A**	Exakt terminieren und selbst erledigen - *Fachliteratur lesen* - *Planung Treffen* *mit Betreuer* **B**
nicht wichtig	**C** Wenn möglich delegieren - *Computer aktualisieren*	**D** nicht bearbeiten - *Browse You Tube* - *Facebook Update* *über die Experimente*

Abb. 6 Das Eisenhower-Prinzip. Nach dem Eisenhower-Prinzip werden anstehende Aufgaben entsprechend ihrer Wichtigkeit und ihrer Dringlichkeit in vier Kategorien eingeteilt.

Kollegen, können durch dieses Prinzip mit einer Priorität versehen werden.

A-Aufgaben sind sowohl wichtig als auch dringend und müssen sofort erledigt werden. B-Aufgaben sind, obwohl wichtig, nicht unbedingt dringend und können auf einem anderen zeitlichen Horizont geplant werden. C-Aufgaben sind dringend, aber weniger wichtig, wohingegen D-Aufgaben sowohl unwichtig als auch nicht dringend sind. An dieser Abstufung kann man bereits erkennen, dass Aufgaben entsprechend der Prioritätensetzung in der Reihenfolge A, B und C bearbeitet werden sollten. D-Aufgaben sollten überhaupt nicht angegangen werden, sie sind reine Zeitverschwendung.

Ein besonderes Augenmerk sollte auf die Prioritäten mit der Kategorie B gelegt werden. Sie gehen häufig zwischen den Aufgaben der Kategorie A (dringend und wichtig, die sofort erledigt werden) und der Kategorie C (dringend) unter. Insbesondere die Kategorie C mit dringenden, aber weniger wichtigen Aufgaben hindert uns daran, Aufgaben der Priorität B durchzuführen. Aufgaben der C-Kategorie sind häufig Aufgaben, die delegiert werden können, wenn es Möglichkeiten und Ressourcen dazu gibt. Hier ist es insbesondere bei Doktoranden wichtig, dass sie von ihrem Vorgesetzten nicht zu viele C-Aufgaben aufgetragen bekommen. Sie sind für den Lehrstuhl dringend, aber weniger wichtig in der Umsetzung für den Chef, behindern aber die Arbeit der Doktoranden an der Promotion außerordentlich. Als Beispiele seien genannt: Die Aktualisierung der Homepage des Institutes, die Aktualisierung eines Skriptes für das Praktikum oder die Durchführung und Beaufsichtigung einer Klausur. Hier kommt es im Einzelfall darauf an, dass diese Aufgaben von der Institutsleitung auf die Mitarbeiter gleichermaßen verteilt werden und Doktoranden von vornherein klar ist, ob und wenn ja, welche Aufgaben auf sie diesbezüglich zukommen.

Das Eisenhower-Prinzip wurde nach dem gleichnamigen US Präsidenten benannt. Dwight D. Eisenhower verwendete dieses Prinzip, um seine zahlreichen Aufgaben als Oberbefehlshaber der alliierten Streitkräfte des zweiten Weltkrieges, als Oberkommandierende der NATO-Streitkräfte in Europa (1950–1952) und schließlich als 34. Präsident der Vereinigten Staaten von Amerika (1953–1961) zu organisieren.

6.5   Arbeitszeiten effizient nutzen

Nachdem Prioritäten gesetzt worden sind, sollen Aufgaben effizient umgesetzt werden. Eine effiziente Umsetzung gelingt nur, wenn die Aufgaben im Gesamtkonzept sinnvoll geplant werden. So macht es wenig Sinn, ein lang andauerndes Experiment erst nachmittags um 15:00 Uhr zu beginnen. Dies muss zu Beginn des Tages erfolgen. Andererseits sind manche experimentellen Methoden an zeitaufwendige Protokolle geknüpft. Andere Randbedingungen, die Einfluss auf eine effiziente Zeitplanung nehmen, sind beispielsweise Lehrveranstaltungen, die im Rahmen eines Promotionsprogrammes absolviert werden müssen, die Teilnahme am Progress Report oder an Lehrstuhlseminaren etc. Auch der Zeitpunkt im Verlauf des Tages hat Einfluss auf die Effizienz der durchgeführten Arbeiten. Wenn man beispielsweise in den späten Abendstunden ein Leistungshoch hat, eignet sich dieser Zeitpunkt hervorragend, um Publikationen zu erarbeiten. Umgekehrt macht es wenig Sinn, vormittags wertvolle Arbeitszeit durch Kaffeetrinken zu verschwenden, wenn gerade in diesem Zeitpunkt das persönliche Leistungshoch liegt. Dies soll nicht gegen die Planung von Pausenzeiten argumentieren, aber den Blick darauf schärfen, die eigene Zeit so effizient wie möglich zu nutzen. Tägliche To-do-Listen, die auch zeitliche Vorgaben enthalten, sind in diesem Zusammenhang sehr zu empfehlen.

Aufgaben im Gesamtkonzept sinnvoll planen

Eine effiziente Arbeitsplanung bedeutet auch, sich ungestörte Arbeitszeiten zu reservieren, um konzeptionell an einem Projekt zu arbeiten, sich bei der Durchführung von Experimenten von Arbeitskollegen so abzuschotten, dass es durch Störungen nicht zu ungewollten Fehlern im Experiment kommt (Störungen vermeiden). Auch die Fokussierung auf eine Sache ist sinnvoll. Geradezu sträflich ist das heutzutage weitverbreitete Verhalten, während des Abfassens schriftlicher Texte gleichzeitig über Skype, facebook, WhatsApp oder andere soziale Netzwerke in ständigem Kommunikationsaustausch mit Freunden zu stehen. Nur durch eine ungestörte Arbeit lässt sich die geistige Durchdringung der Materie einer Promotion gewährleisten.

Ungestörte Arbeitszeiten planen

6.6   Das Pareto-Prinzip

Das Pareto-Prinzip, das auch Pareto-Effekt oder 80-zu-20-Regel genannt wird, ist nach dem italienischen Ingenieur, Ökonomen und Soziologien Vilfredo Federico Damaso Parcto (1848–1923) benannt. Es besagt, dass 80 % der Ziele eines Projektes durch 20 % der zur Verfügung stehenden Zeit erreicht werden können. Die restlichen 20 % der Ziele benötigen dagegen 80 % der Zeit. Sie verursachen somit die meiste Arbeit.

80-zu-20-Regel

Die Geschichte der Entwicklung des Pareto-Prinzips ist sehr interessant und verblüffend einfach, da es im Prinzip auf zwei Beobachtungen Paretos beruht: Zum einen, dass 1906 80 % des Landes in Italien 20 % der Bevölkerung gehörte und zum Anderen, dass 20 % der Erbsenschoten in seinem Garten 80 % der Erbsen enthielten (http://en.wikipedia.org/wiki/Pareto_principle; Stand: 07.04.2014). Obwohl das Pareto-Prinzip nicht für jeden Einzelfall belegbar ist, ist es doch immer wieder zutreffend. Für eine Promotion würde dies bedeuten, dass 80 % der Ergebnisse in 20 % der Zeit, die für eine Promotion zur Verfügung stehen, generiert werden. Für die restlichen 20 % der Ergebnisse, benötigt man 80 % seiner Zeit. Dies sollte man insbesondere vor dem Hintergrund der weiter vorne beschriebenen „Schönheitsexperimente" beachten, die meist viel Zeit beanspruchen, die man besser für andere weiterführende Experimente verwenden sollte.

6.7 Wochen und Tagesplanung: Das Kieselprinzip

Das Kieselprinzip ist ein sehr anschauliches Bild, um zu verdeutlichen, wie die stark limitierte und wichtige Ressource Zeit optimal genutzt werden kann, und wie man lernt, in diesem Zusammenhang Präferenzen zu legen (Covey 2012). Bei diesem Bild werden bestimmten Aufgaben symbolisch einzelnen Steinen zugeordnet, wobei die Größe der Steine der Wichtigkeit der Aufgaben entspricht: Sehr große Steine stehen für eine hohe Präferenz, sehr kleine Steine für eine geringe Präferenz. Diese Steine werden in eine Schüssel gegeben, die das Zeitkontingent eines Tages oder Woche repräsentiert. Dabei können nur so viele Aufgaben erledigt werden, wie Steine in die Schüssel passen, also Zeit zur Verfügung steht. Wichtig ist dabei, zuerst die großen Steine in die Schüssel zu legen und damit die wichtigen Aufgaben zu erledigen. Die kleinen Steine (= die weniger wichtigen Aufgaben) können dazwischen gelegt bzw. erledigt werden, solange Raum (= Zeit) zur Verfügung steht. Beginnt man dagegen mit den kleinen Steinen, wird nicht mehr ausreichend Zeit zur Verfügung stehen, um die wichtigen Aufgaben zu erledigen. Es gilt also zu lernen, Prioritäten zu setzen und bei unwichtigen Dingen auch einmal „Nein!" zu sagen.

Die Größe der Steine entspricht der Wichtigkeit der Aufgaben.

Das Kieselprinzip funktioniert aber nur, wenn man sich gleichzeitig an die 60:40 Regel hält, die besagt, dass 60 % der zur Verfügung stehenden Zeit im Allgemeinen konkret „verplant" werden kann und 40 % als Zeitpuffer dienen sollte, wobei jeweils die Hälfte der Pufferzeit für unerwartete und spontane Aktivitäten reserviert werden sollten (siehe hierzu auch weiter vorne die ALPEN-Methode). Erfahrungsgemäß sind 40 % an nicht verplanter Arbeitszeit realistisch, damit man sich durch die Unwägbarkeiten des Tagesgeschäfts nicht aus dem Konzept und aus dem Arbeitsplan bringen lässt.

6.8 Selbstmanagement

Unter Selbstmanagement versteht man im Rahmen des Zeitmanagements, die privaten und persönlichen Dinge mit dem Beruf in Einklang zu bringen. Ansonsten ist die Gefahr verhältnismäßig groß, sich mit Hilfe der Methoden des Zeitmanagements (Steigerung der Effektivität) und aufgrund der hohen Ansprüche im Arbeitsalltag bzw. der Promotion so perfekt zu organisieren, dass die anderen Dinge verloren gehen, die gleichermaßen wichtig im Leben sind und die ebenfalls für eine Effektivitäts- und Leistungssteigerung im Beruf oder während der Ausbildungsphase verantwortlich sind. In diesem Zusammenhang wird häufig von der Work-Life-Balance gesprochen. Führende Experten im Bereich des Zeit- und Selbstmanagements wie Lothar Seiwert oder Marco von Münchhausen führen in diesem Zusammenhang vier Aspekte unseres Lebens auf, die es zu berücksichtigen gilt bzw. in eine Balance zu bringen (siehe Tabelle 4):

Work-Life-Balance

Ein Leben in Balance bedeutet zunächst einmal, *alle* vier großen Bereiche des Lebens in seiner Lebensführung zu berücksichtigen und abzubilden. Dabei kommt es allerdings nicht auf eine Momentaufnahme an. Man muss also nicht täglich in allen vier Bereichen aktiv sein. Viel wichtiger ist vielmehr, langfristig einen Weg zu finden, alle Bereiche zu berücksichtigen. In bestimmten Phasen des Lebens kann es somit sinnvoll sein, sich auf einen oder mehrere dieser Bereiche zu konzentrieren, also z. B. sich im Rahmen seiner Doktorarbeit ausschließlich um die berufliche Karriere zu kümmern. Langfristig allerdings sollte und darf man die anderen Dinge nicht aus den Augen verlieren.

Außerdem sollte man dabei bedenken, dass sich im Laufe des Lebens die Bedeutung dieser Bereiche verschiebt. So wird zum Zeitpunkt der Promotion und unmittelbar danach meist der berufliche Aspekt deutlich ausgeprägter sein, später vielleicht der Bereich Familie und im Alter die Gesundheit. Letztlich ist diese Verschiebung und die Gewichtung der einzelnen Bereiche in einer bestimmten Lebensphase sehr individuell, so dass hier keine generellen Lösungen oder Vorschläge angeboten werden können.

Tab. 4 Wichtige Bereiche zur Erlangung einer Work-Life-Balance

Bereich	Beispiele
Beruf und Finanzen	Ausbildung, z. B. Doktorarbeit Beruf/Arbeit Effizienz Weiterbildung Einkommen, Vermögen, Wohlstand
Gesundheit und Fitness	Ernährung Sport Erholung Entspannung
Familie und soziale Kontakte	Partner Familie Freundeskreis Soziales Engagement
Sinn und Kultur	Sinn des Lebens Eigene Werte Kulturelle Aktivitäten

Weiterführende Literatur

Allen, D. (2012): Wie ich die Dinge geregelt kriege. Piper-Verlag.

Covey, S. R. (2012): Die 7 Wege zur Effektivität. Gabal-Verlag.

Doran, G. T. (1981): There's a S.M.A.R.T. way to write management's goals and objectives. Management Review, Volume 70, Issue 11 (AMA FORUM), S. 35–36.

von Münchhausen, M. (2009): Die vier Säulen der Lebensbalance. Ullstein-Verlag.

Riedenauer, M. und A. Tschirf (2012): Zeitmanagement und Selbstorganisation in der Wissenschaft. Facultas Verlag.

Schmidt, I. und D. Grisse-Seelmeyer (2002): Zeitmanagement – So nutze ich meine Zeit optimal. Gondrom Verlag.

Seiwert, L. J. und B. Tracy (2001): Life-Leadership. So bekommen Sie Ihr Leben in Balance, 2. Auflage. Gabal Verlag.

Wikipedia – Pareto-Prinzip: http://en.wikipedia.org/wiki/Pareto_principle; Stand: 07.04.2014.

7 Promotion – und was dann?

„Es gibt wichtigeres im Leben, als beständig dessen Geschwindigkeit zu erhöhen." – *Mahatma Gandhi*

Inhalt

Eine abgeschlossene Promotion ist der Nachweis der Befähigung zu einer selbstständigen und eigenverantwortlichen hypothesengetriebenen Forschungsarbeit. Mit Abschluss der biomedizinischen Promotion ist die Grundlage für die weitere Karriere gelegt. Spätestens jetzt muss sich der Promovierte Gedanken machen, welchen Karriereweg er einschlagen möchte. Allerdings ist es nach Auffassung und Erfahrung der Autoren deutlich besser, sich bereits früher, beispielsweise mit Beginn des letzten Promotionsjahres, Gedanken über die nächsten Karriereschritte und eigenen Karrierewünsche zu machen und entsprechende Entscheidungen zu treffen. Diese Entscheidungen betreffen zwei Fragen: (1) Was möchte ich unmittelbar nach der Promotion machen? Die Entscheidung dieser Frage beinhaltet, entsprechende Bewerbungen zu schreiben oder Kontakte zu knüpfen, wenn man im letzten Promotionsjahr das Ende seiner Promotion absehen kann. Diese frühe Entscheidung hat vor allem auch praktische Hintergründe. Will man als Postdoc ins Ausland, wird man dies meistens mit einem Postdoc-Stipendium machen, das von einer Förderorganisation eingeworben werden muss. Bei manchen Förderorganisationen kann es aber durchaus mehrere Monate dauern, bis eine Entscheidung bezüglich eines beantragten Postdoktorandenstipendiums gefallen ist. Hinzu kommen andere praktische Erwägungen wie die Visabeschaffung und die Planung eines Umzuges. Eine Entscheidung und Umsetzung dieser Entscheidung erst nach der Disputation würde somit zu unnötigen Verzögerungen führen. (2) Was ist mein eigentliches Berufsziel? Der Weg dorthin ist in der Regel kein linearer Karriereweg. Vielmehr ist ein Wechsel zwischen den einzelnen Karrieresträngen möglich und nicht selten haben hierbei äußere, nicht vorhersehbare Parameter einen entscheidenden Einfluss. Beispielhaft genannt seien „An welchem Ort wird gerade eine Stelle frei, auf die ich mich bewerben kann?" oder „Wo gibt es aufgrund meines persönlichen wissenschaftlichen Netzwerkes ein gutes Angebot aus einem Industrieunternehmen, dass ich nicht ausschlagen kann?"

7.1 Generelle Übersicht: Karriereoptionen nach der Promotion

Welche Möglichkeiten gibt es aber und wie kann und soll es nach der Promotion weiter gehen? Die Beantwortung dieser Frage sollte primär von den Wünschen und Interessen des Promovierenden abhängig sein. Hier soll zunächst ein Überblick gegeben werden, bevor wir auf einzelne Aspekte im Detail eingehen wollen. Im Prinzip bieten sich nach der Promotion fünf Optionen:

5 Optionen

- Postdoktorandenphase in einem Labor einer Forschungseinrichtung im In- oder Ausland
- die akademische Laufbahn
- Einstieg in ein Industrieunternehmen, z. B. in Forschung, Produktion oder Vertrieb
- Einstieg in eine Behörde oder in Verwaltungsaufgaben
- „fachfremder Beruf" (z. B. Lehrer oder Consulting-Unternehmen)

Da der fünfte Punkt eine Vielzahl sehr diverser Karriereoptionen enthält, die von persönlichem Interesse getrieben werden, werden wir im Folgenden nicht weiter darauf eingehen. Man sollte allerdings im Hinterkopf behalten, dass in vielen auf den ersten Blick fachfremdem Sparten promovierte Naturwissenschaftler ebenfalls gute Berufschancen haben. Als ein schnell einsichtiges Berufsfeld seien hier Unternehmensberater genannt, wenn es z. B. um die Einschätzung des Marktumfeldes geht.

Mit Beginn der Postdoktorandenphase splitten sich die Berufs-, Qualifizierungs- und Karrierewege in vielfacher Weise auf. Die früher sehr strikte Einteilung in einen akademischen Karrierewege in Forschung und Lehre auf der einen Seite und einen Karriereweg in der Industrie auf der anderen Seite verliert mehr und mehr an Bedeutung. Häufig beobachtet man daher heute nicht mehr einen linearen Karriereweg, sondern auch Wechsel zwischen diesen Bereichen. Da die Anzahl der zur Verfügung stehenden Stellen mit Daueranstellung an den Universitäten jedoch abnimmt, ist viel häufiger ein Wechsel aus der Universität in die Industrie zu verzeichnen als umgekehrt. Abbildung 7 vermittelt einen ersten Eindruck über die zur Verfügung stehenden Optionen.

7.1.1 Der Postdoc und die Postdoktorandenphase

Die Erfahrung zeigt, dass nur die wenigsten mit einer abgeschlossenen Promotion direkt, ohne weitere Qualifizierungsmaßnahmen in ein biomedizinisch ausgerichtetes Unternehmen (z. B. Pharmaindustrie), einen anderen Beruf mit lebenswissenschaftlicher Ausrichtung oder die Verwaltung der Universitäten oder Behörden wechseln. Bei vielen folgt auf die Promotion eine weitere Qualifizierungsphase, welche als „Postdoktorandenphase" (kurz Postdoc-Phase genannt)

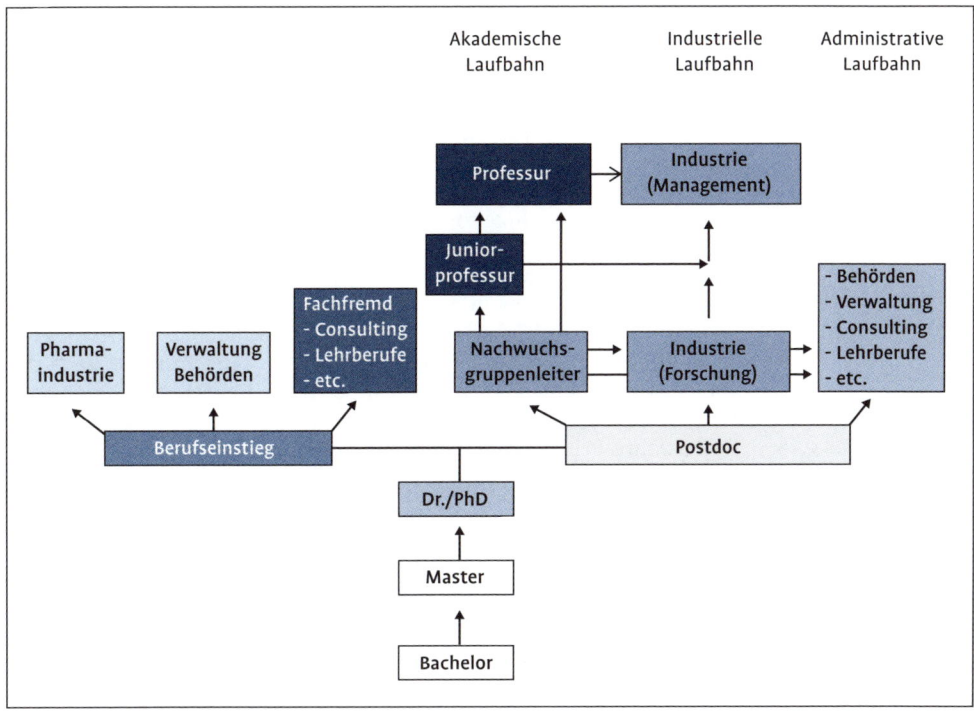

Akademische Laufbahn · Industrielle Laufbahn · Administrative Laufbahn

bezeichnet wird. Strebt man eine akademische Laufbahn an, ist diese zwangsläufig an eine Postdoc-Qualifizierungsphase gekoppelt.

Was ist die Postdoc-Phase? In der Vergangenheit wurde hiermit ein Zeitraum von mehreren Jahren beschrieben, der sich unmittelbar an die Promotion anschloss und im Ausland verbracht wurde (insbesondere den USA oder England), um sich in einem der dortigen „Elitelabore" weiter zu qualifizieren und auf eine akademische Karriere vorzubereiten. Ziele sollten sein, das in der Promotionsphase erlernte Wissen zu vertiefen, neue Methoden zu erlernen, die wissenschaftliche Selbstständigkeit zu vergrößern und eigene wissenschaftliche Ideen in Projekte umzuwandeln. Manche Kandidaten machten auch mehrere solcher Postdoc-Phasen zur weiteren Karriereentwicklung. Das Ergebnis dieser Phase sollte eine verstärkte Selbstständigkeit, Drittmittelreife, eine Erhöhung des Bekanntheitsgrades durch Kongressteilnahmen und exzellente Publikationen sein. Diese Postdoktorandenphase galt in den biomedizinischen Wissenschaften somit als wichtiges Sprungbrett für die weiterführende (akademische) Karriere und vielfach war sie, wenn in einem Elitelabor durchgeführt, Einstiegsportal in die spätere Wunschlaufbahn. Allerdings lehrt die Erfahrung, dass ein Zeitraum von sechs Jahren, die man als Postdoc in dieser Qualifizierungsphase verbringt, nicht überschritten werden

Abb. 7 Karrieretracks und -optionen in den Lebenswissenschaften.

Die Länge der Postdoktorandenphase ist nicht eindeutig definiert.

sollte. Danach kann u. a. auch aus Altersgründen der Einstieg in z. B. ein Industrieunternehmen sehr schwierig werden.

Finanziert wurde die Postdoktorandenstelle in seltenen Fällen durch das aufnehmende Gastlabor. Die mit Abstand häufigste Alternative war das Einwerben eines Auslandsstipendiums von einer Stiftung oder einer öffentlichen Forschungsfördereinrichtung wie der Deutschen Forschungsgemeinschaft (siehe z. B. www.dfg.de/foerderung/programme/einzelfoerderung/forschungsstipendien/index.html; Stand: 15.07.2014), so dass der Antragsteller seine eigene Stelle über einen begutachteten und bewilligten Antrag finanzierte.

Heute hat sich der Begriff Postdoktorand gewandelt. Neben der eben beschriebenen klassischen Postdoc-Phase sind auch alle anderen Anstellungen in Forschung und Lehre im In- oder Ausland nach der Promotion gemeint. Der Begriff wird also viel breiter verwendet. Eine Postdoc-Phase kann heute deutlich länger dauern (man beachte das Sechs-Jahre-Prinzip, siehe weiter oben) und enthält deutlich mehr Optionen und Finanzierungsmodelle.

7.1.2 Die akademische Laufbahn

Ziel der akademischen Laufbahn ist die Professur und damit verbunden möglicherweise die Leitung eines Instituts. Der Weg dorthin ist langwierig und beschwerlich. Da einerseits die Anzahl der zur Verfügung stehenden Professuren begrenzt, aber andererseits die Konkurrenz sehr groß ist, erfordert dieser Karriereweg ein hohes Durchhaltevermögen und die Bereitschaft sowie Ressourcen, berufliche und finanzielle Risiken auf sich zu nehmen. Man muss sich der mit diesem Karriereweg verbundenen Unsicherheit bewusst sein. Die Entwicklung eines „Plan B" ist auf jeden Fall sinnvoll, sollte sich im Zuge der Laufbahn herausstellen, dass das Karriereziel aus dem einen oder anderen Grunde nicht erreicht werden kann oder erstrebenswert ist.

Karriereweg zur Professur Der Karriereweg zur Professur beginnt auch heute noch meist mit einer zwei- bis dreijährigen Postdoc-Qualifizierungsphase im Ausland. Neben der Erweiterung des methodischen und theoretischen Wissens soll die Phase dazu dienen, ein wissenschaftliches Netzwerk und Kooperationen aufzubauen, die für den weiteren Karriereweg sehr wichtig sind. Nach dieser Postdoc-Zeit folgt eine Phase, die unter der Überschrift „Nachwuchsgruppenleiter" zusammengefasst werden **Nachwuchsgruppe** kann. Eine Nachwuchsgruppe besteht aus dem Leiter, ein oder zwei Doktoranden, gelegentlich einem Postdoc, einer Technischer Assistenz sowie Bachelor- und Masterstudierenden. Sie kann je nach zur Verfügung stehenden Drittmitteln und Laborplätzen entsprechend ausgebaut werden.

Es gibt verschiedene Optionen zum Aufbau einer Nachwuchsgruppe, denen im Prinzip unterschiedliche Finanzierungskonzepte **Juniorprofessur (W1-Professur)** zugrunde liegen. Hierzu zählen die Habilitationsstelle und die Juniorprofessur (W1-Professur) als Beispiele für Nachwuchsgruppen, die über Haushaltsstellen finanziert werden, sowie die Emmy-Noether- oder Max-Eder-Nachwuchsgruppen als Beispiele extern finanzierter Nachwuchsgruppen. Diese Phase, die dazu dienen soll, den Kandidaten auf eine Professur vorzubereiten, dauert etwa fünf bis sechs Jahre. Sie dient neben der Entwicklung eines eigenen wissenschaftlichen Profils auch dazu, diejenigen Fähigkeiten zu erlernen, die man zur Leitung eines Instituts benötigt. Hierzu zählen u. a. das Projektmanagement, die Leitung einer größeren Arbeitsgruppe mit Zeit- und Konfliktmanagement, Leadership-Qualifikationen und Budgetverwaltung. Als hartes und auch heute noch unumstößliches Kriterium für eine erfolgreiche Bewerbung auf eine Professur gilt jedoch die wissenschaftliche Exzellenz, die nach der Menge der eingeworbenen Drittmittel und Publikationen bewertet wird. Dabei sollte man sich im Klaren sein, dass die Erfolgschancen meist mit den Publikationen in sehr hochrangigen Journalen (gemessen an deren Impact-Faktor, siehe Seite 72) korrelieren. Kann man diese nicht aufweisen, kann die Erreichung des Karrierezieles „Professur" sehr schwierig sein.

Gegen Ende der Funktion als Nachwuchsgruppenleiter wird man sich auf eine Professur bewerben. Man unterscheidet heute in Deutschland zwischen zwei Typen von Professuren: W3, die höchste Professur, **W-Professuren** und W2, die unterhalb der W3 Professur angesiedelt ist. Abweichend davon gibt es in Baden-Württemberg die W3 Professur mit Leitungsfunktion (W3mL) und die nachgeordnete W3 Professur ohne Leitungsfunktion (W3oL). In allen Fällen bedeutet W die Besoldungsgruppe (https://www.hochschulverband.de/cms1/w-besoldung.html; Stand: 15.07.2014), mL = mit Leitungsfunktion und oL = ohne Leitungsfunktion. Die Institutsleitung obliegt in der Regel einem Professor des Typen W3mL. Je nach Größe eines Instituts können darin mehrere Professuren des Typus W2 (oder W3oL) angesiedelt sein. Die Professoren ohne Leitungsfunktion haben ihre eigene Arbeitsgruppe und bearbeiten ihr eigenes Forschungsthema. Sie unterliegen aber der Weisungsbefugnis des Institutsleiters und sind bei der Verteilung der Haushaltmittel (nicht der Drittmittel) auf die Entscheidungen des Institutsleiters angewiesen.

Der normale Weg auf der Karriereleiter ist zunächst eine Bewerbung auf eine W2 Professur (oder W3oL) und nach einigen Jahren aus dieser Professur heraus auf die Stelle eines Institutsleiters. In Ausnahmefällen können auch Bewerbungen auf eine W3mL Professur ohne den Umweg über eine untergeordnete Professur erfolgreich sein. Man beachte in diesem Zusammenhang, dass die Bewerbungs- und Berufungsverfahren auf eine Professur sehr zeitaufwendig sind und mehrere Monate, manchmal mehr als ein Jahr dauern. Dies ist insbesondere bei einer Bewerbung aus einer Nachwuchsgruppenposition heraus zu beachten. Zum einen wird man nicht unbedingt bei der ersten Bewerbung Erfolg haben und zum anderen sind die Nachwuchspositionen häufig zeitlich befristet. Somit wird man ausreichend Zeit für die Bewerbung auf eine Professur einkalkulieren müssen und man sollte sich frühzeitig über Zwischenfinanzierungsmöglichkeiten informieren, um nicht in die Gefahr der Arbeitslosigkeit zu laufen. Im Falle der Bewerbung W2/W3oL zu W3mL gestaltet sich die Situation dagegen anders, denn die W3oL Positionen sind in der Regel unbefristet und der Zeitdruck entfällt somit.

W1 Professuren mit Tenure Track

Ein Sonderfall sind die W1 Professuren mit Tenure Track. Bei diesem Verfahren, das aus dem US-amerikanischen Bildungssystem übernommen wurde, besteht die Möglichkeit, dass bewährte Kandidaten ohne ein aufwendiges Bewerbungsverfahren aus einer (befristeten) W1-Stelle in eine (unbefristete) W3 Professur übernommen werden können. Die Voraussetzungen werden von der jeweiligen Universität oder dem Fachbereich festgelegt und umfassen in der Regel eine positive Evaluation hinsichtlich der Forschungs- (eingeworbene Drittmittel, Publikationen) und Lehrleistungen, eine aktive Mitwirkung in den akademischen Gremien der Universität und vielfach auch eine Postdoc-Phase im Ausland. Zu beachten ist, dass auf solche Tenure Track Optionen bereits in der Stellenausschreibung für die entsprechende W1-Stelle hingewiesen werden muss. Eine nachträglich eingeführte Tenure Track Option ist kaum möglich.

Abschließend möchten wir auf die Stiftungsprofessuren hinweisen, die mehr oder weniger regelmäßig von verschiedenen Stiftungen ausgeschrieben und finanziert werden. Diese zeitlich befristeten Professuren, die nach einer mehrjährigen Laufzeit meistens von der Universität übernommen, entfristet und weiterfinanziert werden müssen, sind eine gute Alternative zu den W-Professuren. Allerdings wird man Anträge auf eine Stiftungsprofessur nur in enger Zusammenarbeit mit der Abteilung stellen können, wo diese Professur später angesiedelt sein soll. Eine sehr frühzeitige Kontaktaufnahme zum entsprechenden Institutsleiter ist also auch in diesem Fall sinnvoll.

7.1.3 Industrieunternehmen

Die Industrie, zu der wir hier nicht nur die forschungsaktiven Pharmafirmen zählen, sondern auch diejenigen Firmen, die Laborgeräte und Verbrauchsmaterialien entwickeln und vertreiben, bieten eine Reihe von Beschäftigungsmöglichkeiten an. Diese sind in der Forschung, der Produktentwicklung oder dem Vertrieb angesiedelt. Eine interessante Web-Seite in diesem Zusammenhang ist http://www.xing.com/companies/industries/123-pharmazeutische-industrie (Stand: 17.07.2014). XING ist ein soziales Netzwerk für Beruf, Geschäft und Karriere. Auf dieser Homepage findet man einen guten Überblick über Arbeitgeber der Pharmazeutischen Industrie einschließlich der Information über offene Stellen. Neben Bewerbungen auf ausgeschriebene Stellen machen Initiativbewerbungen auch Sinn, wenn man ein Methodenrepertoire beherrscht und/oder eine wissenschaftliche Thematik bearbeitet hat, an dem das pharmazeutische Unternehmen Interesse haben könnte. Weitere interessante Homepages in diesem Zusammenhang sind die Homepages der jeweiligen Fachgesellschaften wie der Deutschen Gesellschaft für Humangenetik e. V. (http://www.gfhev.de/de/stellenmarkt/index.php; Stand: 22.06. 2014), der Gesellschaft deutscher Chemiker (https://www.gdch.de/ ausbildung-karriere/stellenmarkt.html; Stand, 22.06.2014) und der Gesellschaft für Biochemie und Molekularbiologie e. V. (https:// www.gbm-online.de/karriere.html; Stand: 22.06.2014). Auch kommerziell betriebene Plattformen können interessante Stellenoptionen beschreiben. Alle geeigneten Internetportale hier aufzuführen, würde den Rahmen des Buches bei weitem sprengen. Die Empfehlung kann daher nur lauten, mit einer gezielten Internetrecherche nach geeigneten Stellenangeboten zu suchen und dabei das breite Angebot verschiedener Anbieter zu nutzen.

Ein Einstieg von der Promotion direkt in den Forschungsbereich eines pharmazeutischen oder biomedizinischen Industrieunternehmens ist durchaus möglich, bis auf eine „industrielle Postdoc-Phase" aber eher selten. Viele Industrieunternehmen bevorzugen Arbeitnehmer mit einer längeren Berufserfahrung als Postdoktoranden, insbesondere wenn es darum geht, nicht nur Stellen mit einer Forschungsausrichtung zu besetzen, sondern auch um die Option, mittelfristig in das (Projekt-)Management aufzurücken und die Leitung einer Forschungsgruppe oder Projektgruppe zu übernehmen.

Ausnahmen können hingegen Promovenden aus sogenannten kooperativen Promotionskollegs sein. Dies sind Kollegs, bei denen eine promotionsberechtigte Universität mit einer Hochschule, meistens einer anwendungsorientierten und industrienahen Hochschule, ein gemeinsames Promotionsprogramm auflegt. Häufig sind diese Doktoranden direkt in ein Industrieprojekt involviert. Durch diese Kooperation besteht für die nicht-promotionsberechtigten Hochschulen die Möglichkeit, dass ihre exzellenten Nachwuchswissenschaftler an einer Hochschule promovieren. Einige Bundesländer, z. B. Baden-Württemberg, fördern genau aus diesem Grund die Einrichtung solcher kooperativen Promotionskollegs. Man muss an dieser Stelle aber festhalten, dass sich sehr viele Absolventen von (Fach-)Hochschulen zumindest in der Anfangsphase ihrer Promotion sehr schwer tun. Dies liegt vor allem daran, dass die Zielrichtungen der Ausbildung Universität vs. (Fach-)Hochschule unterschiedlich sind. Vielfach fehlt den (Fach-)Hochschulabsolventen ausbildungsbedingt biomedizinisches, molekularbiologisches und physiologisches Basiswissen, dass zu Beginn der Promotion nachgeholt werden muss. Der hierfür benötigte Zeitaufwand darf keinesfalls unterschätzt werden. Einige strukturierte Promotionsprogramme bieten hierfür entsprechende Kurse an oder der Prüfungsausschuss definiert nach einem Eignungsfeststellungsverfahren, welche Kurse der Bewerber aus den grundstätigen Bachelor- und Masterstudiengängen erfolgreich absolviert haben bzw. nachholen muss, bevor er eine Zulassung zur Promotion bekommt.

Kooperative Promotionskollegs

In der Zusammenarbeit mit einem Betreuer an einer promotions-berechtigten Universität können auch Doktoranden außerhalb eines kooperativen Promotionskollegs in einem Industrieunternehmen promovieren. Voraussetzung dafür ist allerdings, dass ein offizieller Betreuer der Arbeit an der Universität gefunden wird und dass die Promotionsordnung diese Möglichkeit zulässt. Diese Möglichkeit wird jedoch auch häufig kritisch diskutiert, da es bezüglich der Publikation von Forschungsergebnissen zu Streitigkeiten kommen kann, wenn wirtschaftliche Interessen (z. B. eine Patentanmeldung) der Industrie einer Publikation entgegen stehen können.

7.1.4 Behörden und Verwaltung

Die Art der administrativen Stellen, auf die sich promovierte Biomediziner bewerben können, ist immens groß. Daher können an dieser Stelle nur einige Beispiele genannt werden.

Forschungsreferentenstellen in Dekanaten

Sehr beliebt sind z. B. die Forschungsreferentenstellen in den Dekanaten der Fakultäten und Universitäten. Die Verwaltungseinheiten der Universitäten und Fakultäten sind heute Managementbetriebe mit klar definierten Strukturen und Aufgabengebieten. Einer dieser Bereiche – das Forschungsdekanat oder Forschungsreferat – umfasst die Betreuung und Mithilfe bei der Einwerbung von Forschungsverbünden sowie die Förderung des wissenschaftlichen Nachwuchses. Die Stellen in diesen Einheiten sind häufig mit promovierten fachnahen Naturwissenschaftlern besetzt, die in der Forschung schon einige Erfahrung gewonnen haben. Für solche Stellen sind auch Erfahrungen im Projektmanagement sehr wichtig. Hinzu kommt, dass die Sprache und Arbeitsweise der „Verwaltung", die sich deutlich von denen der Naturwissenschaftler unterscheiden, erlernt und zumindest zu einem Teil übernommen werden müssen. Allerdings muss man an dieser Stelle auch darauf hinweisen, dass die Leitungsfunktionen dieser Bereiche nur an Personen mit Berufserfahrung vergeben werden. Dies bedeutet eine längere Postdoktorandenzeit sowie Erfolge bei Publikationen und der Drittmitteleinwerbung. In den Referaten der Wissenschaftsministerien gibt es vergleichbare Positionen, die insbesondere bei der Umsetzung von politischen Ideen in den Wissenschaftsbetrieb der Hochschulen, Erarbeitung und Aktualisierung von Landeshochschulgesetzen und Etablierung und Betreuung von spezifischen Fördermaßnahmen helfen sollen.

Stiftungen und Förderinstitutionen

Auch Stiftungen und Förderinstitutionen stellen vermehrt promovierte Naturwissenschaftler ein. Deren Aufgabengebiet umfasst die Betreuung von Fördermaßnahmen. Hierzu zählen: die Vorbereitung von entsprechenden Ausschreibungen, die Organisation und Begleitung der Begutachtungsverfahren der eingegangenen Anträge, die Organisation und Protokollierung von entsprechenden Gutachtertreffen, die Begleitung der geförderten Projekte bis zum Ende deren Laufzeit und die Umsetzung der Beschlüsse der Stiftungsleitung. Ein Verzeichnis deutscher Stiftungen findet man auf der Homepage des Bundesverbandes Deutscher Stiftungen (http://www.stiftungen.org; Stand: 15.04.2014).

Eine weitere Option sind Ämter wie z. B. Gesundheitsämter, Veterinärämter und die Kriminalpolizei. Diese Einrichtungen suchen immer wieder promovierte Naturwissenschaftler, um bestimmte Aufgabenfelder abzudecken.

7.2 Finanzierungsoptionen für die Postdoktorandenphase

Wie bereits erwähnt, ist die Postdoktorandenphase heute nicht eindeutig definiert und zwar sowohl was die Länge, die Karriereoptionen als auch die Finanzierung betrifft. Standard ist nach wie vor eine zwei- bis dreijährige Auslandsphase anschließend an die Promotion. Spätestens danach splittet sie sich in verschiedene z. T. vergleichbare Karrieresträge mit unterschiedlichen Finanzierungsoptionen auf. Die wichtigsten sind (siehe Abbildung 7, Seite 123):

Wechsel in ein Industrieunternehmen als Leitung einer Arbeitsgruppe oder eines Forschungslabors

In diesem Fall wird die Stelle von dem Industrieunternehmen finanziert. Je nach Berufserfahrung und zu bearbeitendem Projekt kann die Stelle befristet oder unbefristet sein. Weiterhin werden auch heute noch die Einstiegsstellen in Industrieunternehmen meistens befristet vergeben mit der Option auf Entfristung. Das Stellenprofil umfasst eine wissenschaftliche Tätigkeit mit einem definierten Ziel, z. B. in der Medikamentenentwicklung oder -testung in klinischen Studien. Diese Ziele werden von dem Industrieunternehmen vorgegeben und können sich gemäß der Strategie des Unternehmens ändern.

Finanziert von dem Industrieunternehmen

Einwerbung der eigenen Stelle durch einen Drittmittelgeber

Im Rahmen eines DFG-Projektes „Sachbeihilfe" können für die Dauer eines Projektes Mittel zur Finanzierung der eigenen Stelle als Projektleiter eingeworben werden (http://www.dfg.de/formulare/52_02/index.jsp; Stand: 02.06.2014). Unter Sachbeihilfe versteht die Deutsche Forschungsgemeinschaft die Durchführung eines thematisch und zeitlich begrenzten Forschungsvorhabens, für das Personal-, Sach- und Investitionsmittel beantragt werden können. Die Laufzeit der Stelle korreliert mit der Länge des Forschungsvorhabens (bei der DFG drei Jahre mit der Option auf eine Verlängerung). Einige Stiftungen haben vergleichbare Programme.

Sachbeihilfe

Habilitationsstelle

Die Habilitation war früher nahezu die einzige Möglichkeit, eine Hochschullaufbahn einzuschlagen. Abgeschlossen wird sie nach einer mehrjährigen Forschungs- und Lehrtätigkeit mit einer Prüfung, die nachweisen soll, dass der Wissenschaftler sein Fach in voller Breite in Forschung und Lehre vertreten kann. Abgeschlossen wird die Prüfung mit der Erteilung der Lehrbefugnis (Venia Legendi). Eine Habilitation dauert in der Regel mehrere Jahre, da die Fachbereiche zur Zulassung der Habilitation eine bestimmte Anzahl von Publikationen auf einem Forschungsfeld sowie eine regelmäßige und positiv evaluierte Lehrtätigkeit erwarten. Finanziert werden solche „Habilitationsstellen" durch eine Haushaltsstelle des jeweiligen Instituts. Die Stellen sind befristet gemäß den Vorgaben des Wissenschaftszeitbeschäftigungsgesetzes (siehe weiter unten).

Finanziert durch eine Haushaltsstelle des Instituts

Juniorprofessur

Mit Einrichtung der Juniorprofessur im Jahr 2002 mit der fünften Novelle des deutschen Hochschulrahmengesetzes wurde ein neuer Karriereweg geschaffen, der dem wissenschaftlichen Nachwuchs einen weiteren Zugang zur Professur ermöglichen soll. Ziel ist es, jungen Nachwuchswissenschaftlern bereits frühzeitig ein eigenständiges Forschen und Lehren zu ermöglichen (http://www.bmbf.de/de/820. php; Stand: 01.02.2014). Eine Juniorprofessur ist auf 2 x 3 Jahre befristet mit einer Zwischenevaluation nach den ersten drei Jahren, die über die Verlängerung entscheidet. Die Stellenfinanzierung erfolgt in der Regel durch die Universität/das Institut über den Zuführungsbetrag der Länder oder eingeworbene Drittmittel.

Finanziert durch die Universität/das Institut oder durch eingeworbene Drittmittel

Leiter einer Nachwuchsgruppe

Beispiele extern geförderter Nachwuchsgruppen sind die Nachwuchsgruppen in einem DFG-Sonderforschungsbereich oder Einrichtungen der Exzellenzinitiative, das Emmy-Noether-Programm der DFG (http://www.dfg.de/foerderung/programme/einzelfoerderung/emmy_noether/index.html; Stand: 22.06.2014) oder Max-Eder-Nachwuchsgruppen der Deutschen Krebshilfe (http://www.krebshilfe.de/wir-foerdern/foerderprogramme/nachwuchsfoerderung/max-eder-nachwuchsgruppen.html; Stand: 22.06.2014). Diese extern geförderten Nachwuchsgruppen werden von einem Wissenschaftler oder einer Wissenschaftlergruppe in Abhängigkeit vom Programm in Verbindung mit dem Kandidaten eingeworben. Bei der Einwerbung von Nachwuchsgruppenstellen wird einerseits der Kandidat andererseits das Projekt evaluiert. Zur Förderung ist eine positive Evaluation beider notwendig. Allerdings besteht für den Institutsleiter durchaus die Möglichkeit, Nachwuchsgruppen mit Institutsgeldern einzurichten. Die Stellen sind in der Regel befristet.

Extern geförderte Nachwuchsgruppen

Ein Punkt wird bei der obigen Auflistung offensichtlich. Nahezu alle dieser Stellen an den Universitäten und Hochschulen sind befristet, wobei die Dauer der Befristung variieren kann. Es ist gängiger Usus, dass die erste Befristung zwei bis drei Jahre beträgt mit einer Option

Befristete Arbeitsverträge

auf Verlängerung. Allerdings besteht nach dem Gesetz über befristete Arbeitsverträge in der Wissenschaft (Wissenschaftszeitvertragsgesetz, WissZeitVG) nach § 2 eine maximale befristete Beschäftigungsdauer von sechs Jahren, im Bereich der Medizin bis zu neun Jahren *nach* der Promotion (WissZeitVG; http://www.gesetze-im-internet.de/wisszeitvg/BJNR050610007.html; Stand: 15.07.2014). Zu diesen sechs bzw. neun Jahren können nach § 2, Satz 1 weitere sechs Jahre *abzüglich* der Zeit, die für die Promotion benötigt wurde, addiert werden. Danach ist eine Weiterbeschäftigung nur unter zwei Optionen möglich: (1) in einem unbefristeten Beschäftigungsverhältnis. Die Hürden hierfür sind jedoch sehr hoch und bedürfen der Zustimmung des Vorstandes der jeweiligen Forschungseinrichtung. (2) Wenn man die eigene Stelle bei einem externen Drittmittelgeber eingeworben hat. Beispielhaft sei hier die DFG genannt, die so eine Möglichkeit unter ihrem Modul „Eigene Stelle" anbietet (http://www.dfg.de/formulare/52_02/52_02_de.pdf; Stand: 22.06.2014). Die Voraussetzungen, um über die Universität nach der Höchstbeschäftigungsdauer einen weiteren befristeten Vertrag für die selbsteingeworbene Stelle zu erhalten, sind jedoch sehr strickt und in § 2, Absatz 2 des WissZeitVG festgelegt: „Die Befristung von Arbeitsverträgen ... ist auch zulässig, wenn die Beschäftigung überwiegend aus Mitteln Dritter finanziert wird, die Finanzierung für eine bestimmte Aufgabe und Zeitdauer bewilligt ist und die Mitarbeiterin oder der Mitarbeiter überwiegend der Zweckbestimmung dieser Mittel entsprechend beschäftigt wird." Alle diese Vorgaben sind bei dem oben genannten Modul der DFG erfüllt. In Zweifelsfällen sollte man sich rechtzeitig bei der zuständigen Personalverwaltung der Universität erkundigen. Diese geben gerne rechtsverbindliche Auskunft.

7.3   Vergütung der Postdoktorandenphase

Das Einstiegsgehalt in der Postdoktorandenphase wird durch den Tarifvertrag der Länder geregelt. Die heute (Stand: Februar 2014) aktuelle Stufe hierfür ist TVL E13. Das Gehalt, das sich daraus ableitet, kann man in entsprechenden Tabellen ablesen (siehe z. B. http://oeffentlicher-dienst.info/tv-l/; Stand: 15.07.2014). Juniorprofessoren, die Beamte auf Zeit sind, werden hingegen nach W1 besoldet (siehe z. B. http://www.beamtenbesoldung.org/besoldungstabellen.html; Stand: 15.07.2014). Nachwuchsgruppenleiter können je nach Qualifikation und Dauer der Betriebszugehörigkeit in einer höheren Gehaltsstufe eingruppiert werden. Auch extern geförderte Stellen für Nachwuchswissenschaftler können höher dotiert sein. Wenn diese Tätigkeit im Ausland mit einem eingeworbenen Stipendium erfolgen soll, kann es ggfs. einen Auslandszuschlag geben. Genauere Informationen geben die Institutionen, bei denen die Stelle oder Nachwuchsgruppe eingeworben wurde.

Einstiegsgehalt in der Postdoktorandenphase: TVL E13

Weiterführende Literatur

Beamtenbesoldung: http://www.beamtenbesoldung.org/besoldungstabellen.html; Stand: 15.07.2014.

Bundesministerium für Bildung und Forschung – Juniorprofessur: http://www.bmbf.de/de/820.php; Stand: 01.02.2014.

Bundesministerium für Justiz und für Verbraucherschutz – Gesetz über befristete Arbeitsverträge in der Wissenschaft: http://www.gesetze-im-internet.de/wisszeitvg/BJNR050610007.html; Stand: 15.07.2014.

Bundesverband Deutscher Stiftungen: http://www.stiftungen.org; Stand: 15.04.2014.

Deutsche Forschungsgemeinschaft – Forschungsstipendien: www.dfg.de/foerderung/programme/einzelfoerderung/forschungsstipendien/index.html; Stand: 15.07.2014.

Deutsche Forschungsgemeinschaft – Emmy-Noether-Programm der DFG: http://www.dfg.de/foerderung/programme/einzelfoerderung/emmy_noether/index.html; Stand: 22.06.2014.

Deutsche Forschungsgemeinschaft – 52.01 – Modul Eigene Stellen: http://www.dfg.de/formulare/52_02/index.jsp; Stand: 02.06.2014.

Deutschen Gesellschaft für Humangenetik e. V.: http://www.gfhev.de/de/stellenmarkt/index.php; Stand: 22.06.2014.

Deutscher Hochschulverband: https://www.hochschulverband.de/cms1/w-besoldung.html; Stand: 15.07.2014.

Deutsche Krebshilfe: Max-Eder-Nachwuchsgruppen: http://www.krebshilfe.de/wir-foerdern/foerderprogramme/nachwuchsfoerderung/max-eder-nachwuchsgruppen.html; Stand: 22.06.2014.

Gesellschaft für Biochemie und Molekularbiologie e. V.: https://www.gbm-online.de/karriere.html; Stand: 22.06.2014.

Öffentlicher Dienst – Tarifvertrag für den Öffentlichen Dienst der Länder: http://oeffentlicher-dienst.info/tv-l/; Stand: 15.07.2014.

XING – Unternehmen aus der Pharmazeutischen Industrie-Branche: http://www.xing.com/companies/industries/123-pharmazeutische-industrie; Stand: 17.07.2014.

8 Rechtliche Vorgaben in den Lebenswissenschaften

„Kunst und Wissenschaft, Forschung und Lehre sind frei"
– Art. 5, Abs. 3, Satz 1 Grundgesetz

Inhalt

Die wissenschaftliche Forschung in den Lebenswissenschaften wird durch mehrere Gesetze reguliert und beeinflusst, aus denen sich verschiedene rechtliche Bedingungen für die Forschungsarbeit ergeben. Zu diesen gehören u. a. das Gentechnikgesetz, das Tierschutzgesetz, das humane Stammzellgesetz, das Embryonenschutzgesetz, Regularien, die die Arbeit mit Radioaktivität betreffen, sowie die Beurteilungen der Ethikkommission. Bereits für Masterstudierende und für Doktoranden ist es wichtig, die verschiedenen gesetzlichen Rahmenbedingungen, die auf die eigene wissenschaftliche Arbeit zutreffen, zu kennen und gemäß deren Vorgaben zu handeln, um sich nicht durch Unwissenheit einem späterem Vorwurf auszusetzen, eine Ordnungswidrigkeit oder eine Straftat begangen zu haben. Wir möchten an dieser Stelle darauf hinweisen, dass nachfolgend nur die in Deutschland aktuell gültigen Gesetze und Verordnungen (April 2014) angesprochen werden, die unseres Erachtens für Promovenden in den Lebenswissenschaften von besonderer Bedeutung sind. Im Ausland können andere Vorgaben gelten. Bei einem Wechsel ins Ausland – sei es im Rahmen einer Kooperation während der Promotion oder nachfolgend als Postdoc – muss man sich vorher mit der spezifischen Gesetzgebung des jeweiligen Landes vertraut machen.

8.1 Das Gentechnikgesetz (GenTG)

Das Gentechnikgesetz (GenTG) regelt die Arbeiten mit gentechnisch veränderten Organismen. Zweck des Gesetzes ist: „(1) unter Berücksichtigung ethischer Werte, Leben und Gesundheit von Menschen, die Umwelt in ihrem Wirkungsgefüge, Tiere, Pflanzen und Sachgüter vor

Zweck des Gesetzes

schädlichen Auswirkungen gentechnischer Verfahren und Produkte zu schützen und Vorsorge gegen das Entstehen solcher Gefahren zu treffen. (2) Die Möglichkeit zu gewährleisten, dass Produkte, insbesondere Lebens- und Futtermittel, konventionell, ökologisch oder unter Einsatz gentechnisch veränderter Organismen erzeugt und in den Verkehr gebracht werden können. (3) Den rechtlichen Rahmen für die Erforschung, Entwicklung, Nutzung und Förderung der wissenschaftlichen, technischen und wirtschaftlichen Möglichkeiten der Gentechnik zu schaffen." (GenTG, § 1, Absatz 1–3, 2013) Das GenTG unterteilt sich in sieben Teile, von denen sechs von besonderem Interesse sind: Teil 1 mit Definitionen des Anwendungsbereichs und der Kommission für biologische Sicherheit sowie allgemeine Sorgfalts- und Aufzeichnungspflichten, Gefahrenvorsorge; Teil 2 mit den Regelungen von gentechnischen Arbeiten in gentechnischen Anlagen. In diesem Teil wird auch das Antrags- und Genehmigungsverfahren für entsprechende Arbeiten geregelt. Teil 3 regelt das Freisetzen und Inverkehrbringen von gentechnisch veränderten Organismen und Produkten. In Teil 4 sind allgemeine Vorschriften niedergelegt. Teil 5 regelt die Haftung und Teil 6 die Straf- und Bußgeldvorschriften.

Das Gesetz unterscheidet und bewertet zum einen die Gefährdung, die von einem bestimmten DNA-Abschnitt ausgeht (ob es sich beispielsweise um ein Onkogen handelt) und die von einem Empfängerorganismus ausgehen kann (welche Bakterien oder welche Viren mit der neu generierten DNA verändert werden). Auch die für diese Arbeit verwendeten Vektoren (Plasmide oder Viren) werden in diesem Zusammenhang hinsichtlich ihres Gefährdungspotenzials klassifiziert. Ausgehend von dieser Klassifizierung, die von S1 (mit dem geringsten Gefährdungspotenzial) bis S4 (mit dem höchsten Gefährdungspotenzial) reicht, werden anschließend die Arbeiten in diese Risikogruppen einsortiert und damit die Sicherheitsbedingungen an das Laboratorium und die verwendeten Methoden und damit einhergehenden Sicherheitsmaßstäbe festgelegt. Grundsätzlich unterliegen Arbeiten nach dem Gentechnikgesetz entweder einer Anzeigepflicht (beispielsweise bei S1) oder einer Genehmigungspflicht (bei gefährlicheren Arbeiten ab S2).

Wie ist nun der Entscheidungsweg, wenn man sich Experimente mit gentechnisch veränderten Organismen genehmigen lassen möchte? Dazu muss sich der Projektleiter (in der Regel der Erstbetreuer des Promovenden) zwei Fragen stellen: (1) Muss ich mein Labor als gentechnische Anlage anmelden? Hier lautet die Antwort: Ja, wenn mit lebenden bzw. vermehrungsfähigen gentechnisch veränderten Organismen umgegangen werden soll (z. B. Viren, Bakterien, Pilze, Pflanzen, Tiere, Zellen). Nein, wenn ausschließlich mit „totem" Material gearbeitet wird (z. B. DNA). (2) In welche Sicherheitsstufen (S1–S4) fallen meine Arbeiten?

Das Genehmigungsverfahren umfasst drei Personenkreise. Es liegt zunächst in der Verantwortung des Projektleiters, eine entspre-

Gefährdungspotenzial

Klassifizierung

Projektleiter

chende Risikoabschätzung vorzunehmen, um die notwendigen gesetzlichen Bedingungen zu erfüllen (anmeldepflichtig vs. genehmigungspflichtig). Der Projektleiter ist verantwortlich für die unmittelbare Planung, Leitung oder Beaufsichtigung der gentechnischen Arbeiten sowie die jährliche Belehrung der Projektmitarbeiter über potenzielle Gefahrenquellen. Als Projektleiter kann fungieren, wer den Abschluss eines naturwissenschaftlichen, medizinischen oder tiermedizinischen Hochschulstudiums, eine mindestens dreijährige Tätigkeit auf dem Gebiet der Gentechnik, insbesondere der Mikrobiologie, der Zellbiologie, Virologie oder der Molekularbiologie, und die Bescheinigung über den Besuch einer von der zuständigen Landesbehörde anerkannten Fortbildungsveranstaltung nachweisen kann (Amtlich anerkannte Fortbildungsveranstaltung für Projektleiter und Beauftragte für die Biologische Sicherheit zum Erwerb der Sachkunde nach § 15 bzw. § 17 der Gentechnik-Sicherheitsverordnung, GenTSV, http://www.gesetze-im-internet.de/bundesrecht/gentsv/gesamt.pdf; Stand: 15.07.2014). Solche Kurse werden von vielen strukturierten Promotionsprogrammen angeboten und es empfiehlt sich für jeden Doktoranden, daran teilzunehmen und das Zertifikat zu erwerben. Dies ist eine enorm wichtige Zusatzqualifikation für die zukünftige wissenschaftliche Laufbahn.

Sachkundenachweis

Der Projektleiter arbeitet eng mit dem Beauftragten für biologische Sicherheit (BBS) der jeweiligen Universität zusammen. Die Funktion des BBS ist, insbesondere die Erfüllung der auf die Sicherheit der gentechnischen Arbeiten bezogenen Aufgaben der Projektleiter zu überwachen. Außerdem berät er Betreiber, Personalrat und verantwortliche Personen (a) bei der Risikobewertung gemäß § 6 Abs. 1 Gentechnikgesetz, (b) bei der Planung, Ausführung und Unterhaltung von Einrichtungen, in denen ein Umgang mit gentechnisch veränderten Organismen erfolgt, und (c) vor der Inbetriebnahme von Einrichtungen und Betriebsmitteln und vor der Einführung von Verfahren zur Nutzung von gentechnisch veränderten Organismen. Er muss zudem jährlich einen schriftlichen Bericht an den Betreiber verfassen, der über Vorkommnisse, Maßnahmen und Verlauf der Arbeiten informieren soll. Er ist außerdem Mittler zwischen dem Projektleiter und der zuständigen Behörde, die Genehmigungen zur Durchführung der geplanten Experimente erteilt, widerruft oder ggfs. Auflagen erteilt und die regelmäßigen Überprüfungen zu den Sicherheitsstandards durchführt. In vielen Bundesländern ist dies die Gentechnikaufsicht in dem entsprechenden Regierungspräsidium. Abschließend möchten wir jedem Promovenden hier nahelegen, sich mit dem aktuellen Gentechnikgesetz auseinanderzusetzen.

Beauftragte für biologische Sicherheit (BBS)

8.2 Das Infektionsschutzgesetz (IfSG) und die Biostoffverordnung (BioStoffV)

Neben dem Gentechnikgesetz sind bei der Durchführung von biologisch-medizinischen Experimenten auch Auflagen des Infektionsschutzgesetzes (IfSG) (http://www.gesetze-im-internet.de/ifsg/index.html; Stand: 15.07.2014) und der Biostoffverordnung (BioStoffV) (http://www.gesetze-im-internet.de/bundesrecht/biostoffv_2013/gesamt.pdf; Stand: 15.07.2014) zu beachten.

Infektionsschutzgesetz (IfSG)   Falls Versuche mit vermehrungsfähigen Krankheitserregern geplant sind, muss eine entsprechende Erlaubnis nach dem Infektionsschutzgesetz (IfSG) vorliegen. Voraussetzung für eine Erlaubnis ist, dass der Antragsteller die erforderliche Sachkenntnis besitzt und geeignete Räume oder Einrichtungen für das Projekt vorhanden sind. Die erforderliche Sachkenntnis wird üblicherweise nachgewiesen durch einen Abschluss eines Studiums der Human-, Zahn- oder Veterinärmedizin, der Pharmazie oder durch den Abschluss eines naturwissenschaftlichen Fachhochschul- oder Universitätsstudiums mit mikrobiologischen Inhalten und einer mindestens zweijährigen hauptberuflichen Tätigkeit mit Krankheitserregern unter Aufsicht einer Person, die im Besitz der Erlaubnis zum Arbeiten mit Krankheitserreger ist. Ebenfalls anerkannt werden eine mindestens zweijährige hauptberufliche Tätigkeit auf dem Gebiet der Bakteriologie, Mykologie, Parasitologie oder Virologie, wenn der Antragsteller bei dieser Tätigkeit eine gleichwertige Sachkenntnis erworben hat.

Die zuständige Überwachungsbehörde ist in der Regel in dem entsprechenden Regierungspräsidium angesiedelt. Dieser Behörde hat man frühzeitig vor Beginn der Forschungsarbeiten die geplanten Experimente anzuzeigen. Zu den einzureichenden Unterlagen gehören eine beglaubigte Abschrift der Erlaubnis, Angaben zu Art und Umfang der beabsichtigten Versuche sowie Entsorgungsmaßnahmen, Angaben zur Beschaffenheit der Räume und Einrichtungen. Anzuzeigen ist auch die Beendigung oder Wiederaufnahme der Tätigkeit. Es ist äußerst sinnvoll, sich vor Kontaktaufnahme mit der Überwachungsbehörde mit dem Beauftragten für Biologische Sicherheit der jeweiligen Einrichtung in Verbindung zu setzen, um sich einerseits hinsichtlich Fragen zum Infektionsschutzgesetz beraten zu lassen und andererseits keine Fehler bei der Antragstellung für die Erlaubnis zur Durchführung des Forschungsvorhabens zu machen.

Biostoffverordnung (BioStoffV)   Die Biostoffverordnung (BioStoffV) ist im Gegensatz zum Gentechnikgesetz und zum Infektionsschutzgesetz eine europäische Verordnung. Sie regelt nach § 1 „Maßnahmen zum Schutz von Sicherheit und Gesundheit der Beschäftigten vor Gefährdung durch diese Tätigkeiten". Wichtig ist auch Absatz 2 des § 1 der BioStoffV: „Die Ordnung gilt auch für Tätigkeiten, die dem Gentechnikrecht unterliegen, sofern dort keine gleichwertigen oder strengeren Regelungen zum Schutz der Beschäftigten bestehen."

Als Biostoffe werden in der Biostoffverordnung definiert: (1) Mikroorganismen, Zellkulturen und Endoparasiten einschließlich ihrer gentechnisch veränderten Formen und (2) mit Transmissibler Spongiformer Enzephalopathie (TSE) assoziierte Agenzien. Den Biostoffen gleichgestellt sind Ektoparasiten, die beim Menschen eigenständige Erkrankungen verursachen, sensibilisierende oder toxische Wirkungen hervorrufen können, und technisch hergestellte biologische Einheiten mit neuen Eigenschaften, die den Menschen in gleicher Form gefährden können wie Biostoffe.

Die Biostoffverordnung teilt biologische Arbeitsstoffe nach dem Infektionsrisiko in vier Risikogruppen ein. Diese entsprechen im Wesentlichen denen des Gentechnikgesetzes. Risikogruppe 1 entsprechen Biostoffe, bei denen es unwahrscheinlich ist, dass sie beim Menschen eine Krankheit hervorrufen. In der höchsten Risikogruppe (Risikogruppe 4) sind alle Biostoffe zusammengefasst, die eine schwere Krankheit beim Menschen hervorrufen und eine ernste Gefahr für Beschäftigte darstellen können. Die Gefahr einer Verbreitung in der Bevölkerung ist unter Umständen groß; normalerweise ist eine wirksame Vorbeugung oder Behandlung nicht möglich. Zu den Biostoffen der Risikogruppe 4 zählen z. B. die Lassa-, Ebola- und Marburg-Viren (weitere spezifische Informationen zur Einstufung von Biostoffen in Risikogruppen findet man im Amtsblatt der Europäischen Gemeinschaft, Richtlinie 2000/54/EG, Anhang 3; siehe z. B. https://www.umwelt-online.de/recht/eu/90_94/90_679gs.htm; Stand: 15.07.2014).

Vier Risikogruppen

Die Biostoffverordnung erfordert für den Umgang mit biologischen Arbeitsstoffen eine entsprechende Risikobewertung. Kennzeichnend sind neben der Einteilung in Schutzstufen auch der gerichtete (z. B. Durchführung eines Experiments mit einem definierten, bekannten Mikroorganismus) und der ungerichtete Umgang (z. B. Umgang mit Mikroorganismen zuvor unbekannter Genese in der Diagnostik, Umgang mit Blutproben) mit biologischen Arbeitsstoffen. Falls die biologischen Arbeitsstoffe unter die Maßgaben des Gentechnikgesetzes und/oder des Infektionsschutzgesetzes fallen, sind die Erfordernisse der Biostoffverordnung im Allgemeinen bereits erfüllt.

Risikobewertung

Das Regierungspräsidium Tübingen hat einen sehr guten Leitfaden hinsichtlich der Umsetzung des Infektionsschutzgesetzes und der Biostoffverordnung herausgegeben, dessen Studium man jedem Promovenden nur ans Herz legen kann (http://www.uni-ulm.de/fileadmin/website_uni_ulm/zuv/zuv.dezVI/öffentlich/v-5/infektionsschutz/leitfaden_infektionsschutzgesetz.pdf; Stand: 15.07.2014).

8.3 Die Strahlenschutzverordnung (StrlSchV)

Obwohl der Trend in den Lebenswissenschaften eindeutig in Richtung der Verwendung nicht radioaktiv markierter Substanzen geht, gibt es nach wie vor einige Experimente wie beispielsweise metabolische Markierungen (puls-chase Experimente), bei denen zwingend radioaktive Isotope verwendet werden müssen. Zu diesen Isotopen zählen ^{32}P, ^{14}C oder ^{3}H. Die Verwendung solcher Isotope im Labor und der Wissenschaft reguliert die „Verordnung über den Schutz vor Schäden durch ionisierende Strahlen" (Strahlenschutzverordnung, StrlSchV; http://www.gesetze-im-internet.de/bundesrecht/strlschv_2001/gesamt.pdf; Stand: 15.07.2014). § 1: „Zweck dieser Verordnung ist zum Schutz des Menschen und der Umwelt vor der schädlichen Wirkung ionisiernder Strahlung Grundsätze und Anforderungen für Vorsorge- und Schutzmaßnahmen zu regeln, die bei der Nutzung und Einwirkung radioaktiver Stoffe und ionisierender Strahlung zivilisatorischen und natürlichen Ursprungs Anwendung finden." Die StrlSchV regelt den Umgang mit geschlossenen und offenen radioaktiven Strahlern und leitet insbesondere bauliche Maßnahmen und Sicherheitsvorkehrungen in einem Isotopenlabor her, die im Interesse der Mitarbeiter unbedingt einzuhalten sind. Hierzu zählen auch Fragen der Überwachung von strahlenexponierten Personen (z. B. Personendosiskontrolle durch Filmplaketten), die Abfallbeseitigung und die Meldepflichten.

Aufgrund ihrer Radiotoxizität sind für die verschiedenen Radionuklide sogenannte Freigrenzen in der Strahlenschutzverordnung festgelegt. Dies sind die Aktivitätsmengen, bis zu denen in einem allgemeinen Labor umgegangen werden darf. Für alles, was darüber hinaus geht, gibt es in Forschungseinrichtungen zentrale Bereiche, die Zentrale Isotopenlabore oder Zentrale Isotopenanwendung genannt werden. Für Arbeiten in diesen zentralen Einrichtungen gibt es sehr strenge Bestimmungen, die jeweils beim Strahlenschutzbevollmächtigen oder den Strahlenschutzbeauftragten erfragt werden können. Der Strahlenschutzbeauftragte hat die Einhaltung der Bestimmungen des Strahlenschutzes in seinem Zuständigkeitsbereich zu kontrollieren. Er oder der Strahlenschutzbevollmächtigte hat die Universitätsleitung in Fragen des Strahlenschutzes zu beraten und die leitenden sowie die verantwortlichen Mitarbeiter hinsichtlich der Wahrnehmung ihrer Pflichten zu kontrollieren und ggfs. Maßnahmen zu ergreifen, um auftretende Mängel zu beseitigen. Dies kann bei drohender Gefahr für Personen und Sachwerte auch zu Sperrung von Räumlichkeiten, Einrichtungen und Anlagen führen.

Zum Selbstschutz und zum Schutz seiner Kollegen und der Umwelt ist es zwingend erforderlich, sich an diese Bestimmungen zu halten. Vorgeschrieben ist in den Strahlenschutzbestimmungen auch eine jährliche Unterweisung der Mitarbeiter, die mit radioaktiven Substanzen arbeiten. Diese Unterweisung muss protokolliert werden.

[Marginalien:]
Zweck der Verordnung

Freigrenzen

Strahlenschutzbevollmächtiger/-beauftragter

Jährliche Unterweisung

8.4 Das Tierschutzgesetz (TierSchG)

Nach § 1 ist der Zweck dieses Tierschutzgesetzes (TierSchG), „aus der Verantwortung des Menschen für das Tier als Mitgeschöpf dessen Leben und Wohlbefinden zu schützen. Niemand darf einem Tier ohne vernünftigen Grund Schmerzen, Leiden oder Schäden zufügen." Es beruht heute verfassungsrechtlich auf dem Staatsziel des Tierschutzes nach Art. 20a GG.

Zweck des Gesetzes

Für Wissenschaftler sind aus dem TierSchG die § 4 (regelt das Töten von Tieren), §§ 7–9 (regeln Tierversuche) und § 10 (regelt die Funktion des Tierschutzbeauftragten) besonders wichtig. Tierversuche darf nur durchführen, wer über entsprechende Kenntnisse und Fähigkeiten nach der Tierschutz-Versuchstierverordnung (TierSchVersV; Stand: 15.07.2014) verfügt. Hierzu zählen insbesondere Grundlagen der Biologie, angemessene artspezifische Biologie in Bezug auf die Anatomie, Physiologie mit Erkennung artspezifischer Schmerzen, Grundlagen zur Zucht, Genetik, genetische Veränderung, Kenntnisse des Tierverhaltens, Gesunderhaltung und Hygiene sowie Grundlagen zur artspezifischen Handhabungs- und Versuchsmethoden. Nach dem Gesetzgeber erfüllen Absolventen eines Studiums der Veterinärmedizin, der Human- oder Zahnmedizin sowie Personen mit einem abgeschlossenen Hochschulstudium, die nachweislich die oben genannten Kenntnisse und Fähigkeiten vermitteln, zu diesem Personenkreis. Die zuständigen Behörden können aber Ausnahmen zulassen, wenn der Nachweis der erforderlichen Kenntnisse und Fähigkeiten auf andere Weise erbracht wurde, z. B. durch entsprechende Kurse. Zu diesen Kursen zählen z. B. versuchstierkundliche Blockkurse entsprechend der Lehrinhalte der GV-SOLAS (Gesellschaft für Versuchstierkunde – Society for Laboratory Animal Science) oder der FELASA-Kurse (Federation of European Laboratory Animal Science Association). Solche Kurse werden in der Regel von den Tierforschungszentren der Universitäten angeboten. Wie auch im Falle der biologischen Sicherheit (siehe Seite 135) empfiehlt sich für Promovenden eine frühzeitige Teilnahme an einem solchen Kurs, nicht nur um diese Zusatzqualifikation, die auf dem zukünftigen Karriereweg sehr hilfreich sein kann, zu erwerben, sondern auch, um bei notwendigen Tierversuchen entsprechend der gesetzlichen Vorgaben mit den Tieren umgehen zu können.

Wie verläuft nun das Beantragungs- und Genehmigungsverfahren für Tierversuche? Hier gibt es große Parallelen zu dem weiter oben beschriebenen Verfahren im Rahmen der biologischen Sicherheit. Der Projektleiter wird sich zunächst mit einem der Tierschutzbeauftragten der Universität in Verbindung setzen. Sie sind die Mittler zwischen dem Forscher und der Behörde, die die Tierversuche genehmigt. Die Tierschutzbeauftragten beraten die tierexperimentell arbeitenden Wissenschaftler bei der Planung und Durchführung ihrer anzeige- oder genehmigungspflichtigen Vorhaben. Zu jedem Antrag auf

Beantragungs- und Genehmigungsverfahren für Tierversuche

Genehmigung eines Tierversuchsvorhabens müssen die Tierschutzbeauftragten eine Stellungnahme abgeben. Diese Unterlagen werden
dann an die entsprechende Behörde weitergeleitet, die die Genehmi-
gung erteilen muss. Das gesamte Verfahren ist sehr (zeit-)aufwendig.
Tierversuchsanträge müssen daher frühzeitig, mehrere Monate vor
Beginn des Projektes gestellt werden. Dies ist besonders wichtig,
wenn Tierexperimente Bestandteil eines Förderantrages bei externen
Drittmittelgebern (z. B. der DFG) sind. Bei bewilligungspflichtigen
Tierversuchen muss die behördliche Genehmigung vor Beginn des
Forschungsprojektes vorliegen.

Auch an dieser Stelle möchten wir eindringlich empfehlen, dass
sich Doktoranden, bei denen Tierversuche Bestandteil des Projektes
sind, mit der gültigen Fassung des Tierschutzgesetzes auseinanderset-
zen.

8.5 Die Ethikkommission

Untersuchungen an Patienten oder an Material, welches Patienten
oder Probanden entnommen worden ist (Stichwort Biobanken), müssen durch eine Ethikkommission positiv votiert werden. Die Ethikkommission berücksichtigt bei ihrer Entscheidungsfindung sowohl
die Interessen des Forschers, als auch die Belange der Patienten oder
Probanden im Hinblick auf das Nutzen/Risiko-Verhältnis bei der Teilnahme an einem derartigen Forschungsprojekt. Sie stützt sich dabei
Deklaration von auf die sogenannte Deklaration von Helsinki (Ethical principles für
Helsinki medical research involving human subjects, 2013; siehe z. B. http://
www.ub.edu/recerca/Bioetica/doc/Declaracio_Helsinki_2013.pdf;
Stand: 15.07.2014) und diejenigen Gesetze (z. B. das Arzneimittelgesetz, das Medizinproduktgesetz), die die Bewertung eines Forschungsprojektes durch die Ethikkommission vorsehen. Die Ethikkommission achtet in diesem Zusammenhang insbesondere darauf,
ob Teilnehmer an klinischen Studien – Patienten, Probanden oder
Körpermaterialspender – ausreichend über ihre Rechte aufgeklärt
worden sind, ob sie den geplanten Untersuchungen schriftlich zugestimmt haben, ob es Übereignungsverträge für menschliche Materialien gibt, ob es ein Widerspruchsrecht gibt, ob die Anonymität der
Spender in ausreichendem Umfang gewährleistet ist, ob die klinischen Studien der aktuellen Gesetzeslage entsprechen (Arzneimittelgesetz, Medizinproduktegesetz etc.) und ob ethische Maßstäbe ausreichend berücksichtigt worden sind. Ethikkommissionen sind interdisziplinär zusammengesetzt und enthalten neben Ärzten,
Wissenschaftlern und Juristen auch Mitglieder aus dem Bereich der
Theologie und/oder Philosophie.

Wenn ein Forschungsprojekt ein Votum der Ethikkommission
bedarf, muss dieses vor Beginn der Forschungsarbeiten vorliegen.
Sollen die Forschungsanträge durch externe Drittmittel gefördert

werden, muss ein positives Votum der Ethikkommission vor einer endgültigen Entscheidung seitens der Förderinstitution vorliegen. Es empfiehlt sich also, frühzeitig mit der lokalen Ethikkommission Kontakt aufzunehmen, um Verzögerung des Forschungsprojektes oder die Ablehnung einer finanziellen Förderung zu vermeiden.

8.6   Das humane Stammzellgesetz (StZG)

Zweck des „Gesetzes zur Sicherstellung des Embryonenschutzes im Zusammenhang mit Einfuhr und Verwendung menschlicher embryonaler Stammzellen" (kurz: humane Stammzellengesetz, StZG) ist es, im Hinblick auf die staatliche Verpflichtung die Menschenwürde und das Recht auf Leben zu achten und zu schützen und die Freiheit der Forschung zu gewährleisten, (1) die Einfuhr und die Verwendung humaner embryonaler Stammzellen grundsätzlich zu verbieten, (2) zu vermeiden, dass von Deutschland aus eine Gewinnung embryonaler Stammzellen oder eine Erzeugung von Embryonen zur Gewinnung humaner embryonaler Stammzellen veranlasst wird, und (3) die Voraussetzungen zu bestimmen, unter denen die Einfuhr und die Verwendung embryonaler Stammzellen ausnahmsweise zu Forschungszwecken zugelassen sind (http://www.gesetze-im-internet.de/stzg/index.html; Stand: 15.07.2014). Die genehmigende Behörde ist das Robert-Koch Institut (RKI, http://www.rki.de/DE/Content/Gesund/Stammzellen/stammzellen_node.html;jsessionid=0F810D981DF771BD535DB650F745CDEC.2_cid381;   Stand: 15.07.2014). Das RKI stützt sich bei seiner Entscheidungsfindung einerseits auf den Antrag des Projektleiters und andererseits auf ein Votum der Zentralen Ethik-Kommission für Stammzellforschung (ZES; http://www.rki.de/DE/Content/Kommissionen/ZES/zes_node.html; Stand: 15.07.2014). Die ZES ist eine interdisziplinär zusammengesetzte Kommission von Experten aus den Bereichen Ethik, Theologie, Biologie und Medizin. Sie prüft Anträge nach dem Stammzellgesetz im Hinblick auf die Hochrangigkeit der Forschungsziele, die ausreichende Vorklärung des Forschungsprojektes und die voraussichtliche Notwendigkeit der Verwendung humaner embryonaler Stammzellen.

Von großer Bedeutung für die Genehmigung von Forschungsprojekten mit humanen embryonalen Stammzellen ist die wissenschaftlich begründete Darlegung, dass die Forschungsarbeiten an humanen embryonalen Stammzellen hochrangigen Forschungszielen für den wissenschaftlichen Erkenntnisgewinn im Rahmen der Grundlagenforschung und/oder für die Erweiterung medizinischer Erkenntnisse bei der Entwicklung diagnostischer, präventiver oder therapeutischer Verfahren zur Anwendung beim Menschen dienen. Dies beinhaltet auch die Darlegung, dass die im Forschungsvorhaben vorgesehenen Fragestellungen nach dem anerkannten Stand von

Zweck des Gesetzes

Robert-Koch Institut

Zentralen Ethik-Kommission für Stammzellforschung

Wissenschaft und Forschung so weit wie möglich bereits in *in-vitro*-Modellen mit tierischen Zellen und/oder in Tierversuchen vorgeklärt worden sind.

Im Interesse der nötigen Transparenz über die importierten humanen embryonalen Stammzellen und ihre Verwendung zu Forschungszwecken werden die Grunddaten der genehmigten Forschungsvorhaben vom RKI als zuständiger Behörde gemäß § 11 StZG in einem öffentlich zugänglichen Register geführt. Im April 2014 sind dort 94 Projekte gelistet (http://www.rki.de/DE/Content/Gesund/Stammzellen/Register/register_node.html; Stand: 08.04.2014). Viele von ihnen befassen sich mit der Analyse von grundlegenden Differenzierungsprozessen der Stammzellen oder mit der Verwendung humaner embryonaler Stammzellen als humane Krankheitsmodelle.

Stichtagsregel   Wesentliches Element des StZG ist die sogenannte Stichtagsregel. Diese besagt, dass in Deutschland lediglich an humanen embryonalen Stammzellen gearbeitet werden darf, wenn diese vor einem bestimmten Stichtag (im Moment der 1. Mai 2007; Stand April 2014) im Ausland gewonnen worden sind. Diese dürfen dann nach einer Bewilligung des Forschungsvorhabens durch das Robert-Koch-Institut importiert und lediglich für die beantragten und bewilligten Forschungszwecke auch verwendet werden. Die Arbeit an humanen embryonalen Stammzellen, die im Ausland nach diesem Stichtag gewonnen worden sind, ist in jedem Fall untersagt. Von besonderer Bedeutung ist in diesem Zusammenhang, dass Personen, die Experimente durchführen, die die genannten Kriterien nicht einhalten, sich strafbar machen und mit Gefängnisstrafen von bis zu drei Jahren belangt werden können.

8.7   Das Embryonenschutzgesetz (ESchG)

Zweck des Gesetztes   Das Embryonenschutzgesetz (ESchG) wägt Menschenwürde und Leben gegenüber den Interessen der Forschung und Wissenschaft ab (http://www.gesetze-im-internet.de/bundesrecht/eschg/gesamt.pdf; Stand: 15.07.2014). Ursprünglich zur Regelung für die *in-vitro*-Fertilisation bestimmt, hat es heute auch Implikation für die weiter oben beschriebene Forschung, die durch das humane Stammzellgesetzt reguliert ist, da es die Gewinnung von embryonalen Stammzellen aus Blastozysten untersagt. Eine Stellungnahme der Deutschen Forschungsgemeinschaft zum Problemkreis „Humane embryonale Stammzellen" fasst die Verlinkung zwischen dem humanen Stammzellgesetz und dem Embryonenschutzgesetz sehr gut zusammen. Das Lesen dieser Stellungnahme kann jedem Leser nur empfohlen werden (http://www.dfg.de/download/pdf/dfg_im_profil/reden_stellungnahmen/archiv_download/eszell_d_99.pdf; Stand: 15.07.2014).

Mit der Generierung induzierter pluripotenter Stammzellen sind mittlerweile alternative Systeme zur Forschung an humanen embryonalen Stammzellen entstanden (Kühl & Kühl 2012). In diesem Zusammenhang ist allerdings von Bedeutung, dass induzierte pluripotente Stammzellen aus somatischen Zellen von Patienten oder gesunden Probanden generiert werden. Sie stellen damit Arbeiten an menschlichen Materialien dar und bedürfen daher eines positiven Votums der lokalen Ethikkommission.

Checkliste rechtliche Rahmenbedingungen während der Promotion

- Welche der oben genannten gesetzlichen Regelungen treffen auf mein Promotionsprojekt zu?
- Liegen die entsprechenden Genehmigungen der oben genannten Gesetze und Verordnungen für mein Promotionsprojekt vor?
- Welche Fragen tauchen beim Lesen der aktuellen Gesetze und Verordnungen auf? Wer kann sie mir beantworten?
- Bin ich vom Erstbetreuer oder einem entsprechenden Beauftragten vor Beginn meiner Experimente nach den Vorgaben der Biostoffverordnung, der Strahlenschutzverordnung und dem Gentechnikgesetz belehrt worden? Habe ich die Belehrung vollumfänglich verstanden und entsprechend dokumentiert?
- Bin ich vor Beginn der Arbeiten mit radioaktiven Substanzen und Biostoffen praktisch in das korrekte Arbeiten eingewiesen worden?
- Kenne ich die physikalischen, chemischen und biologischen Eigenschaften sowie das Gefährdungspotenzial der Substanzen, mit denen ich arbeite? Kenne und beherrsche ich die notwendigen Schutzmaßnahmen?
- **Falls trotz umsichtigen Arbeitens doch einmal etwas passiert: Sind mir Schutzmaßnahmen, Dekontaminationsmaßnahmen, Erste-Hilfe-Maßnahmen und deren Abläufe bekannt? Weiß ich wo das Telefon steht und kenne ich die Telefonnummern derjenigen Personen, die ich in einem Notfall *sofort* anrufen muss?** Viele, gerade junge Nachwuchswissenschaftler scheuen sich, bei einem Unfall (z. B. Verschütten einer hochkonzentrierten radioaktiven Stammlösung) die verantwortlichen Personen sofort zu kontaktieren. Dies ist der falsche Weg, denn solche Unfälle können immer einmal passieren. Hier gilt das Motto: Sofort handeln und den richtigen Personen Bescheid geben!

Neben diesen generellen Punkten gibt es einige spezifische Punkte, die man besonders beachten sollte:

Radioaktivität
- Welche instituts-/universitätsinternen Umgangsregeln gibt es für radioaktive Substanzen?
- Mit welchen radioaktiven Substanzen darf das Institut in welchem Umfang arbeiten?
- Wo und wie ist der radioaktive Müll zu entsorgen?
- Gibt es für mich als Mitarbeiter ausreichende Schutzmaßnahmen?

Gentechnik- und Tierschutzgesetz
- Welche formalen Dinge habe ich beim Arbeiten mit gentechnisch veränderten Organismen zu beachten?
- Gibt es ggfs. alternative Methoden zu Tierversuchsexperimenten?
- In welcher Art sind die Arbeiten nach Gentechnik- und Tierschutzgesetz im Institut und der Universität zu dokumentieren?

Ethikkommission
- Arbeite ich mit menschlichem Material?
- Gibt es für die Arbeiten mit menschlichem Material ein positives Votum der Ethikkommission?

Weiterführende Literatur
Kühl, S. & M. Kühl (2012): Stammzellbiologie. Eugen Ulmer Verlag.

Links zu den wichtigsten Gesetzestexten und Verordnungen
Arzneimittelgesetz (AMG): www.gesetze-im-internet.de/bundesrecht/amg_1976/gesamt.pdf
Biostoffverordnung (BioStoffV): www.gesetze-im-internet.de/bundesrecht/biostoffv_2013/gesamt.pdf
Embryonenschutzgesetz (ESchG): www.gesetze-im-internet.de/bundesrecht/eschg/gesamt.pdf).
Gentechnikgesetz (GenTG): www.gesetze-im-internet.de/bundesrecht/gentg/gesamt.pdf
Humane Stammzellgesetz (StZG): www.gesetze-im-internet.de/stzg/index.html
Infektionsschutzgesetz (IfSG): www.gesetze-im-internet.de/ifsg/index.html
Medizinproduktgesetz (MPG): www.gesetze-im-internet.de/bundesrecht/mpg/gesamt.pdf
Strahlenschutzverordnung (StrlSchV): www.gesetze-im-internet.de/bundesrecht/strlschv_2001/gesamt.pdf
Tierschutzgesetz (TierSchG): www.gesetze-im-internet.de/bundesrecht/tierschvers/gesamt.pdf

9 Gute Wissenschaftliche Praxis

„Nichts ist leichter als Selbstbetrug, denn was ein Mensch wahr haben möchte, hält er auch für wahr." – *Demosthenes*

Inhalt

Wissenschaft ist auf absolute Ehrlichkeit, Redlichkeit und Vertrauen aufgebaut. Die Einhaltung dieses Leitsatzes hat oberste Priorität, denn die Kontrolle fremder Ergebnisse ist aufgrund der experimentellen Komplexität häufig sehr schwierig und vor allem sehr zeitaufwendig, sie ist teuer und für die eigene Forschung daher kontraproduktiv. Wie wichtig dieser Leitsatz ist, zeigt z. B. die Entwicklung der Dokumentation von Daten in Publikationen oder deren Präsentationen auf wissenschaftlichen Kongressen. Vor 30–40 Jahren war es Standard, die vollständigen Gele einer Proteinelektrophorese zu zeigen. Seit einigen Jahren hingegen werden nur noch die Banden von Interesse gezeigt. Bei diesen Ausschnittfotos muss der Zuhörer bzw. Leser eines Artikels den Angaben des Autors vollständig vertrauen. Unseres Erachtens hat diese Entwicklung mit dazu beigetragen, dass die Fälschungen in der wissenschaftlichen Literatur deutlich zugenommen haben. Um dem entgegen zu wirken, fordern viele Journale mittlerweile bei Einreichung eines Manuskripts auch einen Originalsatz der Ergebnisfotos, die dann zum Teil als „Supplemental data" oder „Extended data figures and tables" online publiziert werden.

Wissenschaftliches Fehlverhalten und Verstöße gegen die gute wissenschaftliche Praxis

Fälle von wissenschaftlichem Fehlverhalten und Verstöße gegen die gute wissenschaftliche Praxis begleiten die wissenschaftliche Gemeinschaft, die auf den Säulen der Wahrheitsfindung und des Erkenntnisgewinns aufgebaut ist, seit ihrem Anbeginn. Selbst heute hoch geschätzte Persönlichkeiten wie Galileo Galilei, Issac Newton oder Gregor Mendel haben in ihren Arbeiten die Datenlage in ihrem Sinne gedeutet (Zankl 2006). Wissenschaftliches Fehlverhalten kann in verschiedenen Formen auftreten, von denen die Datenmanipulation, die Datenerfindung und das Plagiat die wohl gravierendsten Formen sind (Cammenga 2014). Verschiedene bekannt gewordene Missstände haben zur Definition von Standards geführt, aus denen sich konkrete Handlungshinweise für die tägliche Arbeit ableiten lassen, um sich selbst vor Fehlern zu schützen und um den wissenschaftlichen Standards zu genügen.

In den letzten Jahren sind Vergehen gegen die gute wissenschaftliche Praxis vermehrt in den Fokus der breiten Öffentlichkeit gerückt, insbesondere auch, weil betroffene Personen im Blickpunkt des öffentlichen Lebens stehen. Ein prominentes Beispiel hierfür ist der ehemalige deutsche Verteidigungsminister Karl-Theodor zu Guttenberg. Zu Guttenberg wurde 2007 der Doktortitel für die Arbeit „Verfassung und Verfassungsvertrag" von der Universität Bayreuth verliehen. Am 23. Februar 2011 erkannte die Rechts- und Wirtschaftswissenschaftliche Fakultät der Universität Bayreuth zu Guttenberg aufgrund von zahlreichen Plagiaten in der Dissertationsschrift den Doktortitel wieder ab. Obwohl anfangs rigoros ausgeschlossen, erklärte er daraufhin aufgrund des Drucks der Öffentlichkeit am 1. März 2011 seinen Rücktritt von allen politischen Ämtern. Am 3. März 2011 wurde er letztendlich als Verteidigungsminister entlassen. Sein Mandat als Abgeordneter des Bundestages gab zu Guttenberg ebenfalls auf.

Auch die Biowissenschaften werden weltweit mit steigender Frequenz mit unterschiedlich schweren Betrugsfällen konfrontiert. Das Verfahren um den koreanischen Stammzellforscher Hwang Woo-suk von der Staatlichen Universität Seoul (SNU) macht die verschiedenen Ebenen des wissenschaftlichen Fehlverhaltens, die hier in beängstigender Form zusammenkommen, deutlich. In der renommierten Zeitschrift Science publizierten Hwang und Mitarbeiter Mitte 2005 Daten über 11 humane Stammzelllinien, die angeblich durch die Methode des Zellkerntransfers gewonnen worden waren (Hwang et al. 2005). Diese Publikation wurde als bahnbrechender Erfolg in der Stammzellforschung gefeiert, galt sie doch quasi als Türöffner für den zukünftigen Einzug therapeutischen Klonens in den medizinischen Alltag. Doch nur wenige Monate später, im Dezember 2005, stellte sich heraus, dass es sich bei dieser Publikation um eine Totalfälschung handelte. Zum einen konnte die Arbeitsgruppe keinen exakten Nachweis dafür erbringen, dass sie maßgeschneiderte embryonale Stammzellen herstellen konnte. Vielmehr basiert die Publikation auf zwei Zelllinien, die aus normal befruchteten Eizellen gewonnen wurden. Diese stammen aber nicht aus dem Labor von Hwang, sondern aus dem Seouler Miz Medi Hospital, das eng mit dem Team von Hwang kooperiert hatte. Dies wurde durch DNA-Analysen bestätigt, die zeigten, dass die DNA der beiden angeblich durch Zellkerntransfer generierten Zelllinien nicht mit der DNA der Patienten übereinstimmten, die als Spender der Zellkerne dienten. Weiterführende Untersuchungen gegen Hwang und seine Mitarbeiter lassen eine lange Liste von wissenschaftlichen Verfehlungen und zumindest ethisch sehr fragwürdigen Praktiken vermuten:

- Erfindung und Manipulation von Fotos und DNA-Analysen
- Vorsätzliche Fälschung von Daten

- Auftrag zur Fälschung der Befunde über angebliche Stammzelllinien durch Hwang Woo-suk
- Fehlende bzw. unvollständige exakte Protokollierung der Experimente
- Koautorschaften, obwohl Wissenschaftler keinerlei Anteil an den Studien gehabt hatten
- Verdacht auf Veruntreuung von Forschungsgeldern
- Vernichtung von Beweismaterial und Behinderung der Justiz
- Bezahlung von 71 Frauen zur Gewinnung von Eizellen für die Embryonenforschung. Zwei dieser Frauen waren Mitarbeiterinnen der eigenen Arbeitsgruppe.

Allein diese Aufzählung verdeutlicht, in welchen verschiedenen Formen wissenschaftliches Fehlverhalten und ethisch bedenkliche Praktiken auftreten können (Interlandi 2006).

9.1 Selbstverständnis und Verpflichtung der Wissenschaft: Ethische Implikationen

Eine Betrachtung der Formen wissenschaftlichen Fehlverhaltens setzt voraus, sich zu verdeutlichen, was Wissenschaft ist und welche Konsequenzen sich aus der Definition für das tägliche Handeln ergeben.

Was ist Wissenschaft? Wörtlich genommen schafft Wissenschaft Wissen. Allgemeiner formuliert, versucht die Wissenschaft durch Forschung neues Wissen zu generieren, was gemeinhin als Erkenntnisgewinn bezeichnet wird. Ziel wissenschaftlichen Arbeitens in der Forschung ist, neue Erkenntnisse über uns und unsere Umwelt zu erlangen. Diese Erkenntnisse bilden die Grundlage unseres Wissens über die Welt und für die Entwicklung neuer Produkte, die unser tägliches Leben erleichtern und für unserer Gesundheit förderlich sind, über den Erhalt und die optimale Nutzung natürlicher Ressourcen sowie das Verständnis zur Entstehung und Heilung von Krankheiten. Neue Erkenntnisse können nur von Personen gewonnen werden, die sich der Wahrheit verpflichtet fühlen und die bereit sind, ihre Erkenntnisse in einem ständigen kritischen Dialog mit Kollegen darzustellen, zu diskutieren und gegenüber alternativen Hypothesen zu verteidigen. Aus diesem Grund ist ein Zweifel gegenüber den eigenen Ergebnissen immanent in die Wissenschaft implementiert. Erkenntnis bedarf also immer der argumentativen Darlegung und Verteidigung im akademischen Streitgespräch. Dahingehend unterscheidet sich Erkenntnisgewinn von Wissen. Wissen kann passiv weitergegeben werden und von Schülern und Studierenden erlernt werden. Erkenntnis beantwortet auch immer die Frage des warum und ist damit im besonderen Sinne der Wahrheit verpflichtet. Diese bildet damit den unverrückbaren Kern der wissenschaftlichen Forschung.

Was ist Wissenschaft?

Erkenntnisgewinn

Darüber hinaus ist die Wissenschaft verantwortlich, Wissen an nachfolgende Generationen weiterzugeben und die Argumente darzulegen, wie dieses Wissen durch Erkenntnisgewinn gewonnen wurde. Somit sorgt die Wissenschaft dafür, die Gesamtheit unseres Wissens zu erhalten. Zusammengefasst ist Wissenschaft also ein Dialog aus Forschung und Lehre.

Selbstverpflichtung in der Wissenschaft

Aus der Selbstverpflichtung der Wissenschaft auf die Wahrheit ergeben sich verschiedene allgemein anerkannte Handlungsmaximen. Diese Handlungsmaximen wurden im European Code of Conduct for Research Integrity der European Science Foundation und der All European Academies 2011 zusammenfassend dargestellt. An erster Stelle steht die Aufrichtigkeit, mit der die Ziele des eigenen Handelns und deren Darstellung und Interpretation erfolgt. Die wissenschaftliche Gemeinschaft muss sich auf die dargestellten Ergebnisse bedingungslos verlassen können. Die Glaubwürdigkeit des einzelnen Forschers ist unmittelbar daran geknüpft. Ergebnisse müssen objektiv dargestellt, nachvollziehbar und damit überprüfbar sein. Die Art und Weise, wie mit Daten umgegangen wird, muss transparent dargestellt sein. Um dies zu erreichen, müssen Wissenschaftler gegenüber anderen Interessen unabhängig und unbefangen sein. Gegenüber der Umwelt, Versuchstieren und ggfs. Probanden in klinischen Studien haben Wissenschaftler eine besondere Sorgfaltspflicht. Darüber hinaus müssen sich Wissenschaftler durch eine besondere Fairness gegenüber ihren Kollegen und durch eine besondere Verantwortung der nachfolgenden Generation gegenüber auszeichnen.

Neben den ethischen Fragestellungen, die sich mit der Durchführung der wissenschaftlichen Forschung beschäftigen und die letztendlich in den Regeln für gute wissenschaftliche Praxis ihren Eingang gefunden haben, bewegt sich Forschung auch in einem größeren sozioökonomischen Zusammenhang und damit in einem weiteren ethischen Argumentationsfeld. Dies kann für Doktoranden bereits zu Beginn ihrer Tätigkeit, d. h. zum Zeitpunkt der Auswahl eines Forschungsthemas, relevant sein. Spätestens bei der Auswahl eines Themas für nachfolgende eigene Forschung werden diese ein Teil der wissenschaftlichen Tätigkeit jedes Forschers sein. Wesentliche Fragen, die in diesem Zusammenhang gestellt werden können, sind beispielsweise:

- Welche Konsequenzen hat meine Forschung für die Gesellschaft?
- Können Personen durch meine Forschung zu Schaden kommen?
- Kann die Natur durch meine Forschung geschädigt werden?
- Führt meine Forschung zu unverhältnismäßigem Leid an Versuchstieren?
- Wie unabhängig ist meine Forschung von Interessengruppen?
- Begebe ich mich mit meiner Forschung in ein Abhängigkeitsverhältnis?

Diese exemplarische Liste von Fragestellungen könnte durch viele weitere Fragen ergänzt werden und es sei jedem Wissenschaftler empfohlen, gelegentlich über diese grundlegenden Fragen des wissenschaftlichen Handelns nachzudenken. Es wird schnell deutlich, dass sich jeder Wissenschaftler in einem Umfeld bewegt, in dem häufig ethische Abwägungen zu treffen sind, die einen direkten Einfluss auf die tägliche Arbeit haben. Die Einhaltung der Regeln guter wissenschaftlicher Praxis ist nur ein Aspekt dieses Themenkomplexes, der hier jedoch nicht weiter beleuchtet werden soll.

9.2   Wissenschaftliches Fehlverhalten

Wissenschaftliches Fehlverhalten kann in verschiedenen Formen auftreten. Die gravierendsten sind die Generierung nicht vorhandener Ergebnisse (fabrication), die Fälschung von Ergebnissen (falsification) und die Wiedergabe fremder Ideen als eigene (plagiarism). Ausführliche Definitionen mit Beispielen findet man hierzu auf der Homepage des Office of Extramural Funding des National Institutes of Health (US Department of Health & Human Services; http:// grants.nih.gov/grants/research_integrity/research_misconduct.htm; Stand: 15.07.2014). Insbesondere die Generierung von Daten und das Fälschen von Daten sind nicht nur für die Wissenschaft, sondern auch für die Gesellschaft gefährlich. So könnten gefälschte Ergebnisse die Grundlage weiterer Forschung sein, die von vornherein zum scheitern verurteilt ist. Ein wirtschaftlicher Schaden für die Fördereinrichtungen, den Steuerzahler oder die pharmazeutische Industrie ist die Folge. Darüber hinaus könnten beispielsweise aufgrund gefälschter Ergebnisse von klinischen Studien Medikamente und Behandlungsprotokolle entwickelt und verwendet werden, die Patienten zwar belasten, aber nichts nutzen und im schlimmsten Fall sogar schaden. Ein gutes Beispiel hierfür ist der Fall Bezwoda. Werner Bezwoda, Onkologe der Witwatersrand Universität, Johannesburg, hat massiv die Ergebnisse seiner Studie zur Hochdosis-Chemotherapie beim Mamma-Karzinom manipuliert (Richter 2000). In der von ihm veröffentlichten Studie war nicht nur die Anzahl der beteiligten Patientinnen gefälscht, sondern viele der Patientinnen erfüllten nicht mal die Eignungskriterien. Damit nicht genug: Es gibt nicht eine unterzeichnete Einverständniserklärung von einer Patientin und keine Ethikkommission hat dieser Studie jemals offiziell zugestimmt. Eine Nachsorge der Patientinnen wurde nicht dokumentiert und die tatsächliche Relaps- und Mortalitätsrate ist wahrscheinlich deutlich höher, als vom Autor in der gefälschten Studie angegeben. Das zwangsläufige Resultat: Weitere Studien auf Basis der Ergebnisse von Werner Bezwoda werden nicht empfohlen.

Typen wissenschaftlichen Fehlverhaltens

Darunter leidet letztendlich die Sicht der Bevölkerung auf die Wissenschaft, das Vertrauen in die Wissenschaft und die wissenschaftlichen Ergebnisse. Aus diesen Gründen ist wissenschaftliches Fehlverhalten in der Wissenschaft geächtet und Wissenschaftler, die des wissenschaftlichen Fehlverhaltens überführt werden, haben – je nach Schwere des Vergehens – mit drastischen Strafen zu rechnen, die bis zur Beendigung der wissenschaftlichen Karriere und Arbeitslosigkeit reichen können. Hierfür mag das Beispiel des norwegischen Mediziners und Krebsforschers Jon Sudbø der Universität Oslo dienen (http://www.stern.de/gesundheit/gesundheitsnews/ faelschungsskandal-norweger-hat-krebs-studie-frei-erfunden-553819.html; Stand: 12.06.2014). Er publizierte in der Fachzeitschrift The Lancet, dass das Risiko für Mundkrebs bei Rauchern angeblich auf die Hälfte gesenkt werden könne, wenn man über längere Zeit Paracetamol einnehme. 2006 gab er dann zu, die 900 Patientendaten von Mundkrebskranken für seine Publikation frei erfunden zu haben. Allerdings war dies nur die Spitze des Eisbergs. Denn es stellte sich heraus, dass er weitere Daten sowohl für Publikationen im New England Journal of Medicine und dem Journal of Clinical Oncology als auch für seine Dissertationsschrift gefälscht hatte. Einmal abgesehen davon, dass die falsifizierten Publikationen weltweit zu einer gefährlichen Falschbehandlung von Patienten mit Mundkrebs geführt haben können, war die (wissenschaftliche) Karriere von Jon Sudbø vollständig zerstört. Im November 2006 wurde ihm die Zulassung als Arzt und Zahnarzt vom Norwegian Board of Health Supervision entzogen. 2007 wurde dieses Verbot gelockert und seit 2009 darf Jon Sudbø als praktizierender Art bzw. Zahnarzt wieder tätig sein. Eine Beteiligung an Forschungsprojekten ist nach wie vor untersagt.

Diese Beispiele verdeutlichen, dass Doktoranden zu Beginn ihrer wissenschaftlichen Tätigkeit die Regeln zur guten wissenschaftlichen Praxis und die Folgen eines wissenschaftlichen Fehlverhaltens verinnerlichen müssen. Auch muss ihnen klar sein, an welcher Stelle die lege artis Behandlung von Daten aufhört und wissenschaftliches Fehlverhalten beginnt. Wichtig ist auch, wissenschaftliches Fehlverhalten bei anderen zu erkennen und zu wissen, wie man in einem solchen Fall zu reagieren hat.

9.3 Datenmanipulationen (Falsification)

In ihrem Grundlagenpapier vom 6. Juli 1998 „Zum Umgang mit wissenschaftlichem Fehlverhalten in den Hochschulen" definiert die Hochschulrektorenkonferenz wissenschaftliches Fehlverhalten: „Wissenschaftliches Fehlverhalten liegt vor, wenn in einem wissenschaftlichen Zusammenhang bewusst oder grob fahrlässig Falschangaben gemacht werden, geistiges Eigentum anderer verletzt oder sonst wie deren Forschungstätigkeit beeinträchtigt wird. Entscheidend sind jeweils die Umstände des Einzelfalles. Als möglicherweise schwerwiegendes Fehlverhalten kommt insbesondere in Betracht: Falschangaben ... das Verfälschen von Daten, z. B. durch Auswählen und Zurückweisen unerwünschter Ergebnisse, ohne dies offenzulegen, durch Manipulation einer Darstellung oder Abbildung ..."

Definition wissenschaftlichen Fehlverhaltens

Ein besonders schwerer Fall einer Datenmanipulation ereignete sich Ende der 1990er/Anfang der 2000er Jahre um den Physiker Jan Hendrik Schön, der 1997 an der Universität Konstanz promovierte und anschließend u. a. mit einem Postdoktorandenstipendium der Deutschen Forschungsgemeinschaft an den angesehenen Bell Laboratorien in den USA arbeitete. In drei Jahren publizierte Schön über 100 Artikel. Unter anderem aufgrund dieser hohen publikatorischen Taktfrequenz in vielfach sehr angesehenen Journalen kamen jedoch erste Zweifel an der Validität der publizierten Daten auf, Wiederholungsversuche in anderen Laboren misslangen und bei Abbildungen fanden sich Ungereimtheiten. Eingehende Untersuchungen belegten dann in mindestens 16 Publikationen wissenschaftliches Fehlverhalten. Am 21. September 2002 kam eine von den Bell Laboratorien eingesetzte Untersuchungskommission zu dem Ergebnis, dass sich Schön durch das Fälschen von Messdaten des wissenschaftlichen Fehlverhaltens schuldig gemacht hat: Ganze Abbildungen wurden mehrfach in verschiedenen Zusammenhängen verwendet und Messreihen per Simulation am Computer erstellt (Jorda 2002). Unter den betroffenen Artikeln befanden sich fünf Veröffentlichungen in der Zeitschrift Science und vier in der Zeitschrift Nature. Die Konsequenzen stellten sich für Jan Hendrik Schön umgehend ein: Zurückziehen der betroffenen Publikationen, fristlose Entlassung unmittelbar nach Erscheinen des Berichtes der Untersuchungskommission der Bell Laboratorien, Aberkennung und Zurückgabe von wissenschaftlichen Preisen und am 31. Juli 2013 endgültige Aberkennung des Doktortitels durch ein Bundesverwaltungsgerichtsverfahren.

Datenmanipulation

Mit den heute zur Verfügung stehenden digitalen Möglichkeiten und Computer-/Bildbearbeitungsprogrammen sind Datenverfälschungen sehr einfach geworden. Aber wo hört die erlaubte Datenbearbeitung auf und wo fängt die Datenmanipulation an? Messwerte gezielt wegzulassen, um z. B. eine Standardabweichung zu verbessern, ist genau so verwerflich, wie die Intensität einzelner Banden auf einem Gelfoto oder einem Western-Blot zu verstärken oder abzu-

Wo fängt Datenmanipulation an?

schwächen, um das Ergebnisse besser zu verdeutlichen. Im letzteren Fall sind Pfeile, die auf das Signal des Interesses hinweisen, die richtige und einzig erlaubte, saubere Lösung. Die immer weiter steigende Tendenz in Publikationen und Dissertationsschriften aus Platzgründen nur noch Ausschnitte, die manchmal ausschließlich eine Gelbande zeigen, von Gelen abzubilden, öffnen Tür und Tor für Täuschungsversuche. Der Leser hat hier überhaupt keine Kontrollmöglichkeit mehr. Daher gehen immer mehr Journale wie beispielsweise Nature Cell Biology dazu über, dass bei Einreichung einer Publikation alle Originaldaten mitgeschickt werden müssen (z. B. der vollständige Röntgenfilm oder das vollständige Gelfoto), die dann an die Gutachter zur Begutachtung mitgeschickt werden müssen. Ein Doktorand sollte sich daher ernsthaft fragen, inwieweit es besser ist, in der Dissertationsschrift ausschließlich vollständige Datensätze und Fotos abzubilden und auf Ausschnitte gänzlich zu verzichten. Es versteht sich von selbst, dass im Laborbuch die Originalergebnisse abgeheftet werden. Hier sind Ausschnitte und bearbeitete Fotos verboten.

Auch sollte man sich bewusst machen, welche Manipulationen an Bildern während der Herstellung von Abbildungen für eine Publikation erlaubt sind und welche nicht. Die Grundregeln sind folgende: (1) Manipulationen, die dazu führen, dass wesentliche Informationen eines Bildes verloren gehen, sind nicht erlaubt. (2) Veränderungen, die nur an einem Teil eines Bildes vorgenommen werden, sind verboten. (3) Verschiedene Abschnitte eines Gels dürfen in einer Abbildung zusammengeführt werden. Allerdings hat sich heute als Standard etabliert, dass dies durch Teilungslinien anzuzeigen ist.

Bearbeitung von Abbildungen

Wichtig ist auch, stets alle seine Messwerte zu zeigen und zu berücksichtigen. Wie leicht man bei der Auswertung eigener Daten ansonsten auf den Holzweg gerät, mag nachfolgendes Beispiel erläutern: Häufig geht es darum, im Laboralltag zu überprüfen, ob zwei Messreihen einen signifikanten Unterschied aufweisen. Abbildung 8 zeigt Ergebnisse zweier Experimente, die im Vergleich zu betrachten sind (z. B. behandelte vs. unbehandelte Zellen). In einer der Messreihen gibt es einen scheinbaren Ausreißer und die beiden Messreihen weisen keinen signifikanten Unterschied auf. So mancher könnte jetzt auf die Idee kommen, diesen Wert zu streichen, mit der Folge, dass die Ergebnisse nun signifikant unterschiedlich sind. Interessant an diesem hier gezeigten Beispiel ist die Tatsache, dass beide Messreihen als Stichproben aus einer Grundmenge gezogen worden, die eine Normalverteilung aufweist. Ein signifikanter Unterschied ist also auf keinen Fall gegeben. Dieses Beispiel zeigt sehr gut, dass Messwerte nur dann verworfen werden dürfen, wenn es einen nachvollziehbaren Grund dafür gibt (z. B. versehentlich geänderte Versuchsbedingungen wie abweichende Inkubationstemperatur).

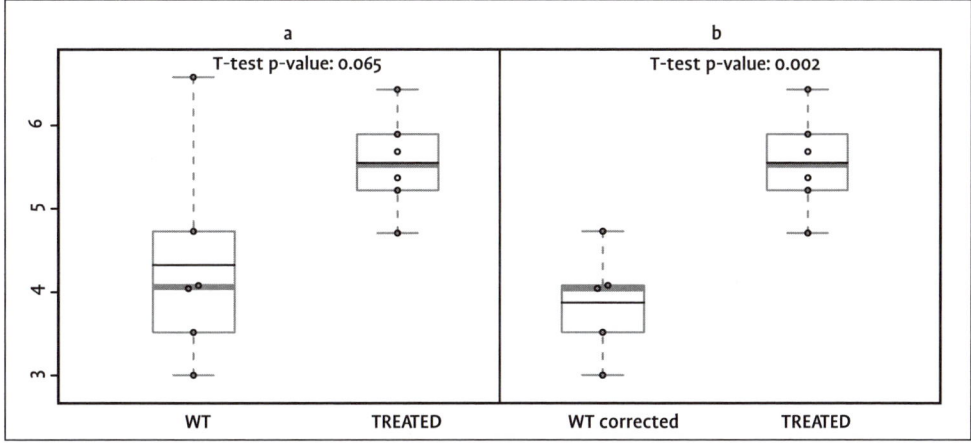

Abb. 8 Das Ausreißerproblem
a) Ein hypothetisches Experiment ergibt die dargestellten Daten. Ein Vergleich zwischen Wildtyp (WT) und behandelt (treated) soll untersucht werden. Aufgrund des einzelnen hohen Messwertes in der WT-Gruppe, könnte man in Versuchung kommen, diesen Wert als Ausreißer zu beschreiben und zu streichen. Dies würde in der Tat zu einem signifikanten Unterschied zwischen beiden Gruppen führen, wie in b) dargestellt. Da beide Gruppen jedoch per Zufall aus der gleichen Grundpopulation gezogen wurden, wäre dadurch ein Unterschied generiert worden, der gar nicht existent ist. Dies Beispiel verdeutlicht die Gefahr, die mit dem Streichen einzelner Werte verbunden ist. Die Grafik wurde freundlicherweise von Prof. Dr. H. Kestler, Universität Jena, zur Verfügung gestellt.

9.4 Datenerfindung (Fabrification)

Datenmanipulation (falsification) bedeutet, dass ein Forscher ein Experiment durchgeführt, danach aber einige Daten verändert hat, um sein Ergebnis zu schönen oder seine Hypothese zu stärken. Daten-   Datenerfindung
erfindung (fabrication) geht noch einen Schritt weiter. Experimente werden nicht durchgeführt, sondern Ergebnisse frei erfunden. Der weiter vorne genannte Fall von Jan Hendrik Schön zeigt einen besonders schweren Fall der Datenmanipulation und Datenerfindung. Als weiteres Beispiel kann der Ernährungswissenschaftler Eric Poehlman, ehemals Vermont College of Medicine, dienen, der als erster Wissenschaftler aufgrund von Datenerfindung eine Gefängnisstrafe verbüßen musste (Interlandi 2006). Er wurde von einem US Gericht in Burlington überführt, in großem Maßstab Daten erfunden zu haben, um damit erfolgreich Forschungsgelder des NIH einwerben zu können. Dazu zählt auch eine Studie über Hormonersatztherapie, die nachweisen sollte, dass Patientinnen in der Menopause Gewicht verlieren könnten, wenn sie sich einer Östrogenbehandlung unterzögen. Es stellte sich schließlich heraus, dass diese Studie nahezu vollständig erfunden war. Nicht wie angegeben wurden 35 Frauen getestet, sondern nur 2. Mit Hilfe dieser und anderer Fälschungen (insgesamt

waren 17 Anträge auf Fördermittel und 10 Publikationen betroffen) erschlich sich Eric Poehlman rund 3 Millionen US-Dollar an steuerfinanzierten Fördergeldern vom NIH. Er wurde schließlich zu einem Jahr und einem Tag Gefängnis verurteilt (mit anschließenden 2 Jahren auf Bewährung). Zudem musste er 200.000 US-Dollar an das NIH zurückzahlen.

Datenerfindung Wogegen es bei der Datenverarbeitung durchaus Grauzonen geben mag, sind die Regeln bezüglich einer Datenerfindung eindeutig: Alle im Laborjournal oder Publikationen veröffentlichten Ergebnisse müssen durch Originaldaten und reproduzierbare Experimente hinterlegt sein. Die mehrfache Verwendung eines Bildes für angeblich unterschiedliche Experimente oder das Kopieren und Duplizieren von Banden gehört ganz klar in die Kategorie Datenerfindung und ist strikt untersagt.

9.5 Plagiate (Plagiarism)

Plagiate Plagiate, also der Diebstahl geistigen Eigentums, sind sicherlich die am häufigsten auftretende Form des wissenschaftlichen Fehlverhaltens. Die Hauptform und der Hauptgrund hierfür sind falsches Zitieren von Daten und Ergebnissen anderer Forscher und die Übernahme von Textpassagen ohne Kenntlichmachung des Urhebers. Zu den bekanntesten deutschen Plagiatsfällen gehört die weiter vorne zitierte Promotionsschrift „Verfassung und Verfassungsvertrag" von Karl-Theodor zu Guttenberg. Sie enthält 1.218 Plagiatsfragmente aus 135 Quellen auf 371 von 393 Seiten in 10.421 plagiierten Zeilen (http://de.guttenplag.wikia.com/wiki/GuttenPlag_Wiki; Stand: 12.06.2014). Die Staatsanwaltschaft in Hof erkannte bei 23 Textpassagen strafrechtlich relevante Urheberrechtsverletzungen. Im November 2011 stellte sie jedoch das Ermittlungsverfahren gegen eine Zahlung von 20.000 Euro an eine gemeinnützige Organisation ein. Die Universität Heidelberg erkannte im Juni 2011 der FDP Politikerin Silva Koch-Mehrin den Doktortitel ab (http://www.faz.net/aktuell/politik/inland/doktortitel-aberkannt-silvana-koch-mehrin-taeuschte-mit-125-plagiaten-auf-80-seiten-12130948.html; Stand: 11.06.2014). Grundlage der Aberkennung sind 125 Plagiate auf 80 Seiten in ihrer Doktorarbeit über die „Lateinische Münzunion 1865–1927". Als Folge trat sie am 11. Mai 2011 von ihrem Amt als Vizepräsidentin des EU Parlaments zurück.

Plagiate sind einfach zu vermeiden. Plagiate sind durch korrektes Zitieren einfach zu vermeiden, siehe Infobox „Richtig zitieren" (siehe Seite 155).

Richtig zitieren

Welche Verhaltensregeln gibt es für das Verfassen der eigenen Dissertation bzw. von wissenschaftlichen Publikationen? Als Grundregel lässt sich festhalten: Alle Ideen, Konzepte, Aussagen und Ergebnisse anderer Wissenschaftler müssen kenntlich gemacht und zitiert werden. Folgende Hinweise können eine erste Hilfestellung geben. Weitere Hinweise zum korrekten Zitieren findet man auch in den entsprechenden Promotionsordnungen und Journalen, wo man eine Arbeit einreichen möchte.

- Wörtlich übernommene Aussagen aus anderen Publikationen müssen durch Anführungsstriche kenntlich gemacht werden und durch eine Referenz belegt werden. Hier muss die Aussage eine bestimmte Länge und eine spezifische Aussage enthalten, um als schützenswert zu gelten. Die Aussage „Der Himmel ist blau." ist z. B. ein Allgemeinplatz und nicht schützenswert.
- Häufig wird in naturwissenschaftlichen Schriften paraphrasiert, d. h., die wichtigsten Erkenntnisse anderer Autoren werden in eigenen Worten wiedergegeben. Auch in diesem Fall muss eine Referenz gegeben werden.
- Wenn immer möglich, sollten Befunde anderer, auf die beispielsweise in der Einleitung oder der Diskussion Bezug genommen wird, durch die Originalreferenz belegt werden und nicht durch Übersichtsartikel.
- Generelle Aussagen, die ihrerseits das Ergebnis umfangreicher Forschung sind und im Feld bereits akzeptiert sind, können auch durch die Angabe von Review-Artikel belegt werden.
- Trivialitäten und Allgemeinwissen („Eukaryoten besitzen einen Zellkern.") müssen nicht belegt werden.

Ein häufig diskutiertes Problem stellen die sogenannten Selbstplagiate dar. Arbeitet man mehrere Jahre auf einem begrenzten wissenschaftlichen Gebiet und publiziert hier regelmäßig, dann wird es schwierig sein – insbesondere in der Einleitung einer Publikation – neue Textpassagen zu generieren. Erschwerend kommt hinzu, dass man für die Erstpublikation zu diesem Thema einen optimalen Einleitungstext verfasst hat, der bis auf Aktualisierungen nur noch wenig oder keine Verbesserungsmöglichkeiten zulässt. Der Bonner Juraprofessor Prof. Dr. Wolfgang Löwer und Ombudsmann der DFG äußerte sich im Rahmen eines Interviews in der Wochenzeitschrift „Die Zeit" vom 30. Januar 2014 dazu wie folgt: „Das sogenannte Eigenplagiat gibt es nicht – denn das würde ja bedeuten, dass es möglich wäre, sich selbst zu beklauen."

Selbstplagiate

Eindeutig verhält es sich dagegen bei der Wiederverwendung von Ergebnissen. Diese dürfen für eine weitere Publikationen nur dann wieder verwendet werden, wenn (1) das Ergebnis zum Verständnis der Arbeit notwendig ist, und (2) wenn sie korrekt zitiert werden. Dies entspricht den Vorgaben der Deutschen Forschungsgemeinschaft in ihrer Denkschrift von 2013 (ergänzte Auflage) „Vorschläge zur Sicherung guter wissenschaftlicher Praxis". Hier heißt es unter Empfehlung 12:

- „Die Ergebnisse vollständig und nachvollziehbar beschreiben,
- eigene und fremde Vorarbeiten vollständig und korrekt nachweisen (Zitate)
- bereits früher veröffentlichte Ergebnisse nur in klar ausgewiesener Form und nur insoweit wiederholen, wie es für das Verständnis des Zusammenhangs notwendig ist."

9.6 Ursachen und Motivation für wissenschaftliches Fehlverhalten

Analysiert man die bekannt gewordenen Fälle von wissenschaftlichem Fehlverhalten auf die Motivation der Verursacher, kann man die Gründe in verschiedene Kategorien einteilen:

Kategorien
- Unkritischer Umgang mit Daten und Vernachlässigung der Betreuungs- und/oder Aufsichtspflicht
- Erfolgsdruck, um eine (bessere) Position zu bekommen
- Erfolgsdruck, um mehr Fördermittel einzuwerben
- Erfolgsdruck, im Rahmen der internen Mittelvergabe einer Einrichtung
- Ziel, ein besseres Standing in der wissenschaftlichen Gemeinschaft und Ansehen in der Öffentlichkeit zu erreichen (Ruhm und Ehre) und
- Übersteigertes, ja z. T. krankhaftes Selbstwertgefühl und Selbstdarstellung

Auch kristallisiert sich bei diesen Analysen heraus, dass viele Verursacher von wissenschaftlichem Fehlverhalten zuerst kleinere Verstöße als ethisch akzeptabel betrachten, diese als „neue vertretbare" Norm setzen und – darauf aufbauend – die Grenzen des ethisch und moralisch Vertretbaren immer weiter nach unten verschieben.

Die in diesem Kapitel bisher beschriebenen Beispiele machen deutlich, dass man sich auf verschiedenen Ebenen gegen wissenschaftliches Fehlverhalten schützen und absichern muss. Dies reicht von der Datenerfassung, -lagerung und -auswertung bis hin zur Publikation. Die wichtigsten Punkte, die auf diesem Handlungsstrang eine entscheidende Rolle spielen, werden nachfolgend diskutiert.

9.7   Eigene Datenerfassung und Daten- auswertung

Alle im Labor durchgeführten Experimente sind in geeigneter Weise sauber zu protokollieren und über einen gewissen Zeitraum sicher zu archivieren. Daten dürfen in keiner Weise manipuliert werden, um damit Behauptungen und Hypothesen zu beweisen. Bei der Auswertung von Datensätzen dürfen Messergebnisse nicht unbegründet entfernt oder hinzugefügt werden. Digitale Bilder müssen im Originalzustand archiviert werden. Eine Publikation von Forschungsergebnissen muss nach Grundsätzen der Redlichkeit und definierten Publikationsstandards erfolgen. Hierbei spielt das geführte Laborbuch eine entscheidende Rolle.

9.7.1   Das Laborbuch

Die Ergebnisse wissenschaftlicher Experimente sind grundsätzlich in geeigneter Form zu dokumentieren. Dies sollte in Form eines Laborbuchs erfolgen, in dem handschriftlich (Kugelschreiber, auf *keinen* Fall Bleistift) unter Nennung des Datums die wichtigsten Experimente beschrieben und deren Ergebnisse dokumentiert sind. Dabei haben sich in den letzten Jahren Standards entwickelt, die grundsätzlich zu beachten sind: Ein Laborbuch sollte immer in gebundener Form vorliegen, die Seiten sollten nummeriert sein oder nummeriert werden, das Herausreißen von Seiten ist nicht gestattet und ggfs. sind Abschnitte durch Durchstreichen mit Unterschrift als ungültig zu kennzeichnen. Die Dokumentation hat mit einem dokumentenechten Stift zu erfolgen, so dass nachträgliche Veränderungen ausgeschlossen sind. Verschreibt man sich, kann dies durchaus korrigiert werden, muss aber entsprechend gekennzeichnet werden. Bei der Führung des Laborbuchs sollte darauf geachtet werden, dass keine Seiten ungenutzt bleiben bzw. Seiten jeweils vollständig genutzt werden. Freier Platz sollte durch Durchstreichen als unbrauchbar markiert werden. Datensätze, die elektronisch erhoben werden, wie beispielsweise Bilder an einem Mikroskop oder an Geräten mit digitaler Dokumentation (Geldokumentation, Western Blot-Systeme, Sequenzierungen etc.), können nach einem Ausdruck in das Laborbuch eingeklebt oder unter Verweis auf das Dokument in einem separaten Ordner als Originaldokument unbearbeitet abgeheftet werden.

Korrektes Führen des Laborbuchs

9.7.2   Elektronische Daten

Elektronische Daten müssen grundsätzlich in der Originalversion gespeichert und archiviert werden. Nachträgliche Änderungen wie beispielsweise das Beschneiden des Bildes, um lediglich einen Bildausschnitt zu zeigen, sollten an einer Kopie der Originaldatei durchgeführt werden. Eine Abspeicherung der Daten sollte so erfolgen, dass

Elektronische Daten in der Originalversion speichern und archivieren.

eine Zuordnung der Ergebnisse zu einem Experiment einwandfrei und schnell möglich ist. Grundsätzlich sollte das Datum, an dem ein Experiment durchgeführt wurde bzw. die Ergebnisse erzielt worden sind, dokumentiert werden und dies im Laborbuch als Querverweis aufgeführt werden.

9.7.3 Aufbewahrung von Daten

Sichern elektronischer Daten

Nach den Standards der Deutschen Forschungsgemeinschaft zur guten Wissenschaftlichen Praxis (2013) sind Daten nach ihrer Entstehung mindestens 10 Jahre in sicherer und geeigneter Form aufzubewahren. Die Aufbewahrung erfolgt grundsätzlich am Entstehungsort, wobei beim Verlassen des Institutes z. B. nach Beendigung der Promotion durchaus Duplikate angefertigt werden können und mitgenommen werden dürfen. Auch im eigenen Interesse empfiehlt es sich grundsätzlich, elektronisch erhobene Daten in Sicherungskopie auf anderen Datenträger zu speichern. Dies können beispielsweise CD- oder DVD-Sätze sein oder aber ein Institutsserver. Um einen Datenverlust zu vermeiden, sollten diese Sicherungskopien grundsätzlich in mehrfacher Form erfolgen und an verschiedenen Orten gespeichert sein. Viele Universitäten bieten einen Back-up-Service für Server im Universitätsrechenzentrum an. Dies sollte von Seiten der Institutsleitung auch aktiv verwendet werden. Dem Doktoranden ist grundsätzlich zu empfehlen, unabhängig von der Institutssicherung eine eigene Sicherungskopie zu erstellen, um auch nach Verlassen des Instituts bei der Erstellung von Publikationen gezielt mitwirken zu können. Diese Anfertigung einer zusätzlichen Kopie sollte vorsichtshalber mit dem Betreuer und/oder Institutsleiter abgesprochen sein.

Checkliste Datendokumentation
- Habe ich ein gebundenes Laborbuch?
- Habe ich ein Laborbuch, dessen Seiten nummeriert sind?
- Sind im Laborbuch eingebrachte Ergebnisse (Fotos, Röntgenfilme etc.) hinreichend befestigt und ausreichend markiert?
- Sind im Laborbuch befestigte Dokumente beschriftet und somit einwandfrei identifizierbar?
- Gibt es im Labor etablierte Regeln zur Speicherung elektronischer Daten?
- Sind meine elektronischen Daten zu den Ergebnissen im Laborbuch zuzuordnen?
- Gibt es im Labor einen Institutsserver, um Sicherungskopien anzufertigen?
- Habe ich im Labor einen eigenen Rechner, um meine Daten sicher zu speichern?
- Welche Back-up Systeme sollte ich verwenden, unabhängig von einem Server?
- Wird der Server universitätsintern gespiegelt?

9.7.4 Statistische Auswertung von Daten

Ein besonderes Augenmerk sollte auch auf der statistischen Auswertung erhobener Daten liegen. Heutzutage gibt es kaum ein Publikationsorgan, welches auf die statistische Auswertung erhobener Datensätze keine Bedeutung legt. Für Doktoranden ist es daher grundsätzlich zwingend notwendig, sich, falls nicht bereits während des Studiums intensiv geschehen, mit den Grundsätzen der statistischen Auswertung und der Berechnung von Signifikanzen zu beschäftigen.

Checkliste statistische Auswertung

- Bin ich mir über die zur Auswertung der Daten notwendigen statistischen Methoden bewusst?
- Beherrsche ich diese statistischen Methoden?
- Gibt es im Institut ein Statistikprogramm, das ich zur Auswertung meiner Daten verwenden kann?
- Beherrsche ich dieses Statistikprogramm?
- Gibt es in der Universität eine Statistikberatung, die ich in Anspruch nehmen kann?
- Welches ist die geeignete Form, meine quantitativen Daten in Abbildungen darzustellen?

9.8 Nutzungsrechte an wissenschaftlichen Daten

Nutzungsrechte an wissenschaftliche Daten sind ein sehr komplexer Sachverhalt, da hier Urheberrecht, Datenschutzaspekte, Patentrecht und arbeitsrechtliche Regelungen betroffen sein können. Generell gilt, dass die Daten zunächst demjenigen gehören, der sie erhoben hat – im Falle einer Doktorarbeit also dem Doktoranden. Dies ist völlig unabhängig vom Beschäftigungsverhältnis und damit egal, ob man durch eine Drittmittel-, Haushaltsstelle oder einem Stipendium finanziert wird. Dieses Urheberrecht besagt auch, dass ein Doktorand, der ein Institut verlässt, im Prinzip alle seine Daten mitnehmen kann. Verkompliziert wird die Sachlage dadurch, dass in der Regel mehrere Personen einer Arbeitsgruppe gemeinsam an einem Forschungsprojekt arbeiten und es somit auch mehrere Eigentümer der Daten gibt. Der klassische Fall ist die Sachbeihilfe der DFG. Mit dieser Sachbeihilfe werden häufig Stellen von Doktoranden für ein spezifisches Forschungsprojekt finanziert. Allerdings verpflichtet sich der Antragsteller – zumeist ein Postdoc oder der Institutsleiter – mit einem gewissen Zeitkontingent an dem Projekt mitzuwirken. Somit gibt es mindestens zwei Eigentümer der Daten. Komplizierter wird es noch, wenn die Publikationen in Kooperation mit z. B. ausländischen Partnern entstehen. Hier gilt es, frühzeitig ggfs. schriftlich zu klären, wer die Gesamt-

Wem gehören die erhobenen Daten?

Urheberrecht

verantwortung beim Zusammenlegen der Daten trägt, um später Probleme mit dem Urheberrecht und ggfs. dem Nutzungsrecht zu verhindern.

Publikationen sind aber nur eine Seite der Medaille. Sind die
Patente Daten so interessant, dass sie über Patente wirtschaftlich verwertet werden sollen, kommt der Arbeitgeber mit ins Spiel und dies ist die Universität – sofern man als Doktorand oder ein anderer an dem Forschungsprojekt beteiligter Wissenschaftler eine entsprechende Stelle inne hat. Im ersten Schritt muss der Erfinder (der Doktorand) seine Erfindung der Universität melden. Die Universität prüft dann, ob sie ein Verwertungsinteresse an der Erfindung hat. Falls dies nicht der Fall ist, ist der Erfinder frei in seinen weiteren Entscheidungen. Die Universität hat einen zeitlichen Spielraum, um einerseits ihre Interessen zu überprüfen und andererseits das Patent anzumelden. Während dieser Phase ist eine Publikation der Daten untersagt. Denn: Was einmal veröffentlicht (publiziert, vorgetragen, auf einem Poster dargestellt) wurde, ist Stand der Technik und damit nicht mehr neu und kann nicht mehr patentiert und geschützt werden. Ist die Patenteinreichung erfolgreich und kommt es zu einem finanziellen Gewinn, ist der Erfinder nach einem bestimmten Schlüssel daran beteiligt. Dabei haben die Erfinder seit dem 07. Februar 2002 (Novellierung des § 42 des Arbeitnehmererfindungsgesetzes; http://www.gesetze-im-internet.de/arbnerfg/; Stand: 15.07.2014) einen Anspruch auf 30 % der Brutto-Verwertungseinnahmen.

Sonderfälle Zwei Sonderfälle müssen in diesem Zusammenhang noch betrachtet werden:

- Ist der Erfinder (Doktorand) ein Stipendiat, entfällt die oben genannte Regelung. Denn ein Stipendiat ist kein Arbeitnehmer der Universität. Der Stipendiat ist somit frei, was Fragen der Patenteinreichung betrifft, sofern er keine Ko-Erfinder oder Kooperationspartner hat, die sich in einem Angestelltenverhältnis mit der Universität befinden.
- Kooperationsprojekte mit der Industrie: Industrieunternehmen haben großes Interesse daran, die in gemeinsamen Forschungsprojekten erhobenen Ergebnisse wirtschaftlich zu verwerten. Daher werden in einem aufwendigen Vertragswerk, das zwischen den Rechtsabteilungen der Universität und des Unternehmens ausgehandelt wird, die Verwertungs- und Publikationsrechte eindeutig geklärt.

Ein weiterer wichtiger Aspekt ist in der (bio-)medizinischen und klinischen Forschung an humanen Körpermaterialien zu beachten. Letztlich ist der Spender des Materials zunächst auch einmal der Eigentümer der abgegebenen Probe. Um diese Proben für Forschungszwecke und den daraus resultierenden Publikationen nutzen zu können, benötigt man daher die Erlaubnis des Spenders. Dies wird meist in einem Übereignungsvertrag geregelt, in dem die Spender ein Widerspruchsrecht haben. Außerdem müssen alle Anforderungen des Datenschutzes wie z. B. die Anonymisierung der Probe erfüllt sein, alle Beteiligten über das Forschungsprojekt und die Verwendung ihrer Daten aufgeklärt sein und letztendlich ihre Zustimmung gegeben haben. Dies wird im Rahmen eines Ethikantrags (siehe Kapitel 8.5) und der nachfolgenden Befassung der Ethikkommission mit diesem Antrag überprüft und sichergestellt.

9.9 Veröffentlichung wissenschaftlicher Daten

Die Autorschaft einer Publikation

Eine häufig diskutierte formale Frage bei der Abfassung von Publikationen ist die Autorschaft. Dazu gehören verschiedene Aspekte wie die Frage, wer Autor einer wissenschaftlichen Publikation ist, in welcher Reihenfolge die Autoren genannt werden sollten und wer der korrespondierende Autor einer Publikation ist. **Wer ist Autor?**

Bezüglich der Frage, wer Autor einer wissenschaftlichen Publikation ist, hat sich in den letzten Jahren der Standard herausgebildet, dass ein Autor in jedem Fall einen wesentlichen Beitrag zu der wissenschaftlichen Veröffentlichung geleistet haben muss. In ihren Empfehlungen zur guten wissenschaftlichen Praxis und ihren Ergänzungen zu diesen Richtlinien aus dem Juli 2013 weist die Deutsche Forschungsgemeinschaft daraufhin, dass ein Autor immer einen substanziellen intellektuellen Beitrag geleistet haben muss. Daraus ergeben sich Kriterien, die eine Autorschaft ausschließen. Die DFG listet in diesem Zusammenhang in ihren Ergänzungen zu den Regeln guter Wissenschaftlicher Praxis (2013) auf: **Kriterien zum Ausschluss einer Autorschaft**

- „Bloß organisatorische Verantwortung für die Einwerbung von Fördermitteln
- Beistellung von Standarduntersuchungsmaterialien
- Unterweisung von Mitarbeitern in Standardmethoden
- Lediglich technische Mitwirkung an der Datenerhebung
- Lediglich technische Unterstützung z. B. bloße Bereitstellung von Geräten, Versuchstieren
- Regelmäßig die bloße Überlassung von Datensätzen
- Alleiniges Lesen des Manuskripts ohne substantielle Mitgestaltung des Inhaltes
- Leitung einer Institution oder Organisationseinheit, in der die Publikation entstanden ist."

Hieraus ergeben sich auch für Doktoranden bereits wichtige Aspekte. So ist beispielsweise das Beibringen/Unterrichten einer bestimmten Methode als solches noch nicht ausreichend, um eine Mitautorschaft zu rechtfertigen. Daraus ergibt sich auch, dass innerhalb eines Institutes andere Personen nur dann auf dem eigenen Paper als Mitautoren in Frage kommen, wenn sie einen inhaltlichen Beitrag zu dieser Publikation geleistet haben. Umkehrt wird ein Doktorand nicht automatisch Mitautor einer anderen Publikation der Arbeitsgruppe, wenn ein fortgeschrittener Doktorand lediglich eine Methodik an nachfolgende Mitarbeiter weitergegeben hat. Auch reicht die Leitung eines Institutes nicht als solches aus, um eine Autorschaft zu erlangen. Die DFG spricht in diesem Zusammenhang auch von einer „Ehrenautorschaft". Das Thema Einwerbung von Drittmitteln muss man differenzierter betrachten, hat doch in der Regel der Antragsteller einen signifikanten intellektuellen Beitrags bei der Konzeption des Antrags und damit auch der durchzuführenden Experimente geleistet. Besteht der Beitrag zur Einwerbung von Drittmitteln aus einer organisatorischen oder unterstützenden Komponente, beispielsweise dem Verfassen eines Unterstützungsschreibens oder der Zusicherung von Sachmitteln aus den Geldern des Instituts, ist eine Autorschaft ausgeschlossen. Tatsächlich stellt sich für Doktoranden im Alltag die Frage, ob dies aus seiner Position heraus überhaupt zu verhindern ist. Auch wird es in diesem Themengebiet häufig Übergangs- und Graubereiche geben. Ist beispielsweise die Diskussion im Rahmen eines Progress Reports ausreichend, eine Autorschaft zu begründen?

Reihung der Autoren   Auch die Reihung der Autoren auf einer Publikation ist häufig Gegenstand intensiver Diskussionen. Hier hat sich im Bereich der Lebenswissenschaften eine Verfahrensweise etabliert, welche in der Regel vorsieht, dass die Person, welche den wesentlichsten Beitrag zu dieser Publikation im Rahmen von Experimenten geliefert hat, als Erstautor gelistet wird. Zuweilen findet sich auch eine gleichberechtigte Erstautorschaft für mehrere Autoren, wenn nicht eindeutig auszumachen ist, wer den größeren Beitrag geleistet hat. Bei gleichberechtigten Erstautorschaften sollte diese nach Möglichkeit in alphabetischer Nennung erfolgen. Die Person, welche den überwiegenden konzeptionellen Beitrag zu dieser Publikation geleistet hat und die Korrespondenz mit der wissenschaftlichen Zeitschrift und der wissenschaftlichen Gemeinschaft übernimmt, ist der sogenannte korrespondierende Autor, der in der Regel als Letztautor genannt wird. In Kooperationsprojekten kann es durchaus vorkommen, dass es mehrere korrespondierende Letztautoren gibt. Alle anderen Autoren, die wesentliche Beiträge zu dieser Publikation geleistet haben, werden als Autoren in der Mitte gelistet. Eine erwähnenswerte Besonderheit ist die Tatsache, dass im Rahmen eines Veröffentlichungsprozesses durchaus die Anzahl der Autoren oder die Reihung der Autoren wechseln kann. Dieses ist besonders dann einsichtig, wenn im Rahmen einer angefragten Verbesserung und Überarbeitung eines Manuskripts zusätzliche umfangreiche Experimente notwendig geworden sind. Auch kann die Erstautorschaft wechseln, wenn beispielsweise im Rahmen des Publikationsprozesses andere Personen den überwiegenden Anteil der notwendigen Experimente für die Revision abarbeiten und damit einen signifikanteren Beitrag im Vergleich zu den anderen Autoren leisten und eine Änderung der Autorenreihenfolge damit begründet ist. In manchen Laboren ist es durchaus die Regel, dass der Erstautor auch für die Erstellung des ersten Entwurfes eines Manuskripts verantwortlich ist oder dass beispielsweise diejenige Person, die die anfallenden Überarbeitungen übernimmt, wenn der Erstautor die Arbeitsgruppe mittlerweile verlassen hat, damit das Recht der Erstautorschaft erwirbt (Barker 2010). In diesem Zusammenhang möchten wir darauf hinweisen, dass ein Doktorand, der als Erstautor fungiert, durchaus auch die erste Fassung der Publikation schreiben und dies nicht seinem betreuenden Postdoc oder Arbeitsgruppenleiter überlassen sollte. Darüber hinaus sollte man sich bewusst machen, dass alle Autoren einer Publikation für deren Inhalt verantwortlich sind. Dies gilt insbesondere für die eigenen Daten, die man zu einer Publikation beigesteuert hat, aber auch für die Daten anderer Autoren, die im Rahmen des Herstellungsprozesses einer Publikation von allen Autoren im Rahmen der wissenschaftlichen Diskussion kritisch hinterfragt werden sollten.

Viele Publikationsorgane verlangen heutzutage, dass die Verantwortlichkeiten des Einzelnen zur Erstellung einer Publikation kenntlich gemacht und ausgewiesen wird. Dies erfolgt häufig am Ende eines Manuskripts in einem gesonderten Absatz.

9.10 Verfahren bei wissenschaftlichem Fehlverhalten

Auch für wissenschaftliches Fehlverhalten haben die Regeln für gute wissenschaftliche Praxis der Deutschen Forschungsgemeinschaft einen Rahmen vorgegeben, der an den meisten Universitäten in identischer oder sehr ähnlicher Form etabliert wurde. Dieses System besteht im Wesentlichen aus zwei Personen bzw. Kommissionen. Zunächst einmal hat jede Universität eine oder mehrere Ombudspersonen bestellt. An diese kann sich jeder mit einem Verdacht eines wissenschaftlichen Fehlverhaltens wenden. Die Ombudsperson prüft diese Vorwürfe auf ihre Plausibilität und kommt zu einem ersten Ergebnis. Sieht auch die Ombudsperson den Verdacht eines wissenschaftlichen Fehlverhaltens vorliegen oder besteht zumindest der Verdacht einer groben Fahrlässigkeit, so gibt die Ombudsperson das Verfahren an die Kommission zur Wahrung der guten wissenschaftlichen Praxis der Universität weiter. In jedem Fall wahrt die Ombudsperson die Vertraulichkeit und gibt die Identität des Hinweisgebers gegenüber dem Beschuldigten nicht preis. Auch gegenüber anderen Personen ist die Ombudsperson zur Verschwiegenheit verpflichtet. Die Kommission zur guten wissenschaftlichen Praxis beschäftigt sich mit diesem Fall ausführlicher und hört dabei einerseits den Betroffenen, ggfs. aber auch Zeugen oder holt Gutachten ein. Die Kommission hat darüber hinaus das Recht, Laborbücher einzusehen und zu überprüfen, ob beispielsweise für publizierte Ergebnisse Originaldaten vorlie-

Ombudsperson

Kommission zur Wahrung der guten wissenschaftlichen Praxis

gen und ob diese im Rahmen des Publikationsprozesses verändert worden sind. Je nach Schwere des Fehlverhaltens kann die Kommission unterschiedliche Strafen empfehlen. Diese können von einer einfachen Rüge bis hin zum Ausschluss von der Antragstellung bei der Deutschen Forschungsgemeinschaft (wenn die DFG z. B. als Förderer in das Verfahren involviert ist) reichen sowie personalrechtliche Konsequenzen haben. In der Regel gibt die Kommission zur guten wissenschaftlichen Praxis diese Empfehlung an den Präsidenten oder den Rektor der Universität weiter, der dann eine Strafe ausspricht, unter Umständen öffentlich macht und diese auch an die Förderinstitutionen in Deutschland weitergibt. Im Rahmen der Aufarbeitung von wissenschaftlichem Fehlverhalten kann die Kommission darüber hinaus wissenschaftliche Publikationsorgane kontaktieren, gegenüber den Journalen den Hinweis geben, dass eine Studie oder Publikation ggfs. gefälscht sein kann, und darum bitten, dass diese Studie zurückgezogen wird. Inwieweit ein wissenschaftliches Journal diesen Hinweisen folgt, liegt allerdings nicht mehr in der Hand der Kommission zur Sicherung guter wissenschaftlicher Praxis. Während des Verfahrens sind alle Mitglieder der Kommission zur Sicherung guter wissenschaftlicher Praxis zur Verschwiegenheit verpflichtet.

Weiterführende Literatur

Arbeitnehmererfindungsgesetz: www.gesetze-im-internet.de/arbnerfg/; Stand: 15.07.2014.

Barker, K. (2010): At the Helm – Leading your laboratory. Cold Spring Harbor Press.

Cammenga, H. K. (2014): Es gibt nicht nur Plagiate! Forschung & Lehre 4, 14, S. 284–286.

COPE (Committee on publication ethics) (2011): Code of conduct and best practive guidelines for journal editors: http://publicationethics. org; Stand: 15.07.2014.

Dreier, T. & A. Ohly (Hrsg.) (2013): Plagiate, Wissenschaftsethik und Recht. Mohr Siebeck Verlag.

Dpa: Norweger hat Krebs-Studie frei erfunden: http://www.stern.de/gesundheit/gesundheitsnews/faelschungsskandal-norweger-hat-krebs-studie-frei-erfunden-553819.html; Stand: 12.06.2014.

Dpa: Silvana Koch-Mehrin täuscht mit 125 Plagiaten auf 80 Seiten: http://www.faz.net/aktuell/politik/inland/doktortitel-aberkannt-silvana-koch-mehrin-taeuschte-mit-125-plagiaten-auf-80-seiten-12130948.html; Stand: 11.06.2014.

Editoral Nature Cell Biology (2004): Gel slicing and dicing: a recipe for disaster. Nature Cell Biology 6, S. 275.

Empfehlungen der Kommission „Selbstkontrolle in der Wissenschaft" (2013): Sicherung guter wissenschaftlicher Praxis. www.dfg.de/download/pdf/dfg_im_profil/reden_stellungnahmen/download/empfehlung_wiss_praxis_1310.pdf; Stand: 15.07.2014.

Empfehlung des 185. Plenums der Hochschulrektorenkonferenz vom 06.07.1998: Zum Umgang mit wissenschaftlichem Fehlverhalten in den Hochschulen.

Empfehlung der 14. Hochschulrektorenmitgliederversammlung vom 14.05.2013: Gute wissenschaftliche Praxis an deutschen Hochschulen.

Hwang, W. S. et al. (2005): Patient-Specific Embryonic Stem Cells Derived from Human SCNT Blastocysts. Science, 308, S. 177–1783.

Interlandi, J. (2006): An Unwelcome Discovery. The New York Times, October 22, http://www.nytimes.com/2006/10/22/magazine/22science fraud.html?pagewanted=all; Stand: 15.07.2014.

Jorda, S. (2002): Fälschungsaffäre: Zu schön, um wahr zu sein. Physical Journal 1, S. 7–8.

Novellierung des § 42 des Arbeitnehmererfindungsgesetzes: http://www.gesetze-im-internet.de/arbnerfg/; Stand: 15.07.2014.

OECD (Organisation for economic cooperation and development), GLOBAL SCIENCE FORUM, Best Practices for Ensuring Scientific Integrity and Preventing Misconduct: http://www.oecd.org/sti/sci-tech/globalscienceforumreports.htm; Stand: 15.07.2014.

Richter, E. A. (2000): Der Fall Bezwoda. Deutsches Ärzteblatt 97, S. 752.

Rossner, M. & K. M. Yamada (2004): What's in a picture? The temptation of image manipulation. Journal of Cell Biology 166, S. 11–15.

US Department of Health & Human Services: http://grants.nih.gov/grants/research_integrity/research_misconduct.htm; Stand: 15.07.2014.

Wallwork, A. (2011): English for Writing Research Papers, Chap. 10 „Paraphrasing and Plagiarism". Springer Verlag.

Wikipedia – GuttenPlag: http://de.guttenplag.wikia.com/wiki/GuttenPlag_Wiki; Stand: 12.06.2014.

Zankl, H. (2006): Fälscher, Schwindler, Scharlatane: Betrug in Forschung und Wissenschaft, 2. Auflage. Wiley-VCH.

Stichwortverzeichnis

Fachwissen zur Stammzellbiologie mit all ihren Facetten

Aus dem Inhalt:
- Regenerationsvorgänge im Tierreich
- Embryonale und adulte Stammzellen
- Reprogrammierung somatischer Zellen
- Induzierte pluripotente Stammzellen
- Ethische und rechtliche Aspekte

2012 wurde der Nobelpreis für Medizin an den britischen Entwicklungsbiologen Sir John Gurdon und den japanischen Stammzellforscher Shinya Yamanaka vergeben. Die beiden Wissenschaftler wurden für ihre herausragenden Arbeiten zur Reprogrammierung ausdifferenzierter somatischer Zellen ausgezeichnet. Die wichtigen Arbeiten der beiden werden in diesem Lehrbuch von den Autoren ausführlich vorgestellt.

Die einzelnen Kapiteln erläutern zudem bereits etablierte und zukünftig mögliche Therapien und Therapieansätze unter Verwendung von Stammzellen.

Stammzellbiologie. S. Kühl, M. Kühl. 2012. 216 Seiten, kart. ISBN 978-3-8252-3735-6.

www.utb.de